# VERSTÄNDLICHE WISSENSCHAFT

NEUNUNDSIEBZIGSTER BAND

BERLIN · GÖTTINGEN · HEIDELBERG

SPRINGER-VERLAG

# DIE ZÄHNE

## IHR URSPRUNG, IHRE GESCHICHTE UND IHRE AUFGABE

VON

### BERNHARD PEYER

1.–6. TAUSEND

MIT 102 ABBILDUNGEN

BERLIN · GÖTTINGEN · HEIDELBERG

SPRINGER-VERLAG

Herausgeber der naturwissenschaftlichen Abteilung:
Prof. Dr. Karl v. Frisch, München

ISBN-13:978-3-540-03068-3     e-ISBN-13:978-3-642-80548-6
DOI: 10.1007/978-3-642-80548-6

# Vorwort

Bei der Auswahl des Stoffes für das vorliegende Bändchen vermied ich prinzipiell alle den Bereich der Zahnheilkunde berührenden Fragen — so interessant sie auch sein mochten — als außerhalb meines Gebietes liegend.

Nicht nur bei Wirbeltieren, sondern auch bei vielen wirbellosen Formen ist der Mund mit sinnreichen Einrichtungen zur Erleichterung der Nahrungsaufnahme ausgestattet. Man denke dabei z. B. an die fünf kalkigen Zähne, welche die Mundöffnung vieler Seeigel umstellen; ferner an die Mundbewaffnung der Blutegel und an die kauenden, stechenden, leckenden oder saugenden Mundwerkzeuge von Insekten. Die Maningfaltigkeit all dieser Einrichtungen nötigte zu einer Beschränkung auf die Wirbeltiere, weil es kaum möglich gewesen wäre, das Gesamtgebiet in einem Bändchen dieser Serie ausreichend darzustellen.

Innerhalb der Wirbeltiere mußte ich mich sodann fragen, ob es wirklich notwendig sei, neben den heutigen Formen auch längst ausgestorbene Tiergruppen in die Schilderung einzubeziehen. Solche fossile Formen sind nämlich für eine gemeinverständliche Darstellung in doppelter Hinsicht unbequem; denn es handelt sich dabei meist um dem Leser fremde Tierformen, für die es nicht einmal gute deutsche Namen gibt. Diese Schwierigkeiten mußten aber deswegen in Kauf genommen werden, weil sich nur durch die Fossilfunde zeigen läßt, daß und wie die heute vorliegenden Gebißverhältnisse erst in langer stammesgeschichtlicher Entwicklung aus ursprünglicheren Zuständen hervorgegangen sind. Immerhin hieß es im Heraufbeschwören der erdgeschichtlichen Vergangenheit Maß halten und sich auf wenige Beispiele beschränken. Einige nicht zu umgehende fremdsprachliche Bezeichnungen ausgestorbener Tiergruppen suchte ich dem Leser einfach dadurch einigermaßen verständlich zu machen, daß ich auf die nächsten, jetzt lebenden verwandten Formen hinwies.

Zwei einander entgegengesetzte Theorien über den Bau der Säugetierzähne, deren Diskussion während Jahrzehnten eine gewaltige Literatur hervorrief, wurden nur kurz erwähnt. Auch für einschlägige Fragen aus dem Gebiet der mikroskopischen Anatomie und der Embryologie mußten knappe Hinweise genügen, weil eine ausreichende Dokumentierung zuviel Raum erfordert hätte.

Dagegen glaubte ich, einige mehr ärgerliche als interessante Fälle, in denen gleichlautende odontologische Bezeichnungen in verschiedenem Sinne gebraucht werden, besonders namhaft machen zu müssen, um dem Leser Mißverständnisse zu ersparen.

Auf die Angabe von Zahnformeln, die ja gemeinhin als Inbegriff von etwas Langweiligem gelten, konnte nicht völlig verzichtet werden; denn ein allgemeiner Überblick über die Zahnverhältnisse der Wirbeltiere zeigt, wie konstante Zahlen erst bei den höheren Vierfüßern schärfer hervortreten, um dann bei den Säugetieren für die einzelnen Zahnkategorien überragende Bedeutung zu gewinnen.

Zürich, den 25. Juli 1962

Bernhard Peyer

# Inhaltsverzeichnis

# I. Einführung

Beim Ausdruck Zahn denkt man in erster Linie an jene harten
weißen Gebilde in der Mundhöhle des Menschen, die dem Kinde
während ihres Durchbruches Schmerzen bereiten, auch den Erwachsenen gelegentlich zur Verzweiflung bringen können, ihm
aber doch in der Regel während langer Jahre wertvolle Dienste
leisten und erst im Alter meist verloren gehen. Die entsprechenden
Teile der Mundbewaffnung von Tieren nennen wir ebenfalls Zähne.
Der Ausdruck Zahn wird aber zur Bezeichnung einer gewissen
Form auch in übertragenem Sinne gebraucht. Man spricht z. B.
von den Zähnen eines Zahnrades oder eines Sägeblattes, vom
Zahnfortsatz des zweiten menschlichen Halswirbels und von ge-
zähnelten Blättern bei Pflanzen. Sogar Bergumrisse wie diejenigen
der „Dent Blanche" und der zackigen „Denti della Vecchia" wurden mit Zähnen verglichen. Wir haben uns jedoch hier nur mit
Zähnen im ursprünglichen Sinne zu befassen, unter diesen nur mit
Zähnen von Wirbeltieren und innerhalb dieser nur mit einer bestimmten Gruppe, nämlich mit solchen Zähnen, die zur Hauptsache aus Zahnbein (sog. Dentin, s. S. 61) bestehen und die deshalb von dem Anatomen W. von Waldeyer als Dentinzähne
bezeichnet worden sind. Es gibt nämlich auch Zähnchen, die aus
einer hornartigen Substanz aufgebaut sind (s. S. 5 und 28), sowie
reine Knochenzacken, welche die Funktion von Zähnen ausüben
(s. S. 5). — Kurze Angaben über die verschiedenen Zahnhartsubstanzen s. S. 60—61.

Die in der Zahnkunde üblichen beschreibenden Fachausdrücke
wurden für die Zähne des Menschen und in zweiter Linie für die
Zähne der Säugetiere geschaffen. Der Geltungsbereich einiger
dieser Bezeichnungen ist deshalb auf die Säugetiere beschränkt.
So ist z. B. eine Unterscheidung von Wurzel, Hals und Krone,
wie sie für menschliche Zähne gerechtfertigt ist, schon bei Reptil-

zähnen nicht mehr möglich. Leider wird der Ausdruck Zahnwurzel immer noch für Bildungen verwendet, die von den Wurzeln der Säugetierzähne fundamental verschieden sind. Wir werden im Folgenden den Ausdruck Zahnwurzel nur in solchen Fällen gebrauchen, in denen die sog. Pulpahöhle basal zu einem Wurzelkanal verengt ist (s. Abb. 1).

Weitere Unterschiede der Zähne sog. niederer Wirbeltiere von den Zähnen der Säugetiere kommen in ungezwungener Folge damit zur Sprache, daß unsere Darstellung entsprechend dem Gang der Entwicklung von stammesgeschichtlich älteren zu jüngeren Zuständen fortschreitet.

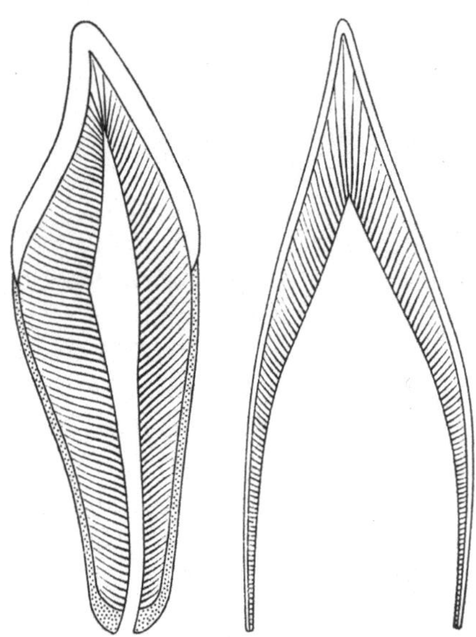

Abb. 1. Vertikalschnitte eines menschlichen Schneidezahnes und eines jungen Reptilzahnes, dessen Basis noch nicht fertig ausgebildet ist

# II. Die Zähne der Wirbeltiere

## 1. Die Frühgeschichte

„Aller Anfang ist schwer." Dies gilt auch für den vorliegenden Versuch einer Übersicht über die Entwicklung der Gebißverhältnisse der Wirbeltiere von den niedersten bis zu den höchstorganisierten Formen. Über die Anfänge des Stammes der Wirbeltiere wissen wir nämlich durch direkte Beobachtung auch heute noch außerordentlich wenig; denn Fossilfunde, die darüber ausreichenden Aufschluß geben könnten, liegen bisher nicht vor, und es besteht kaum Aussicht auf eine Änderung dieses unbefriedigenden Zustandes. Die Wirbeltiere galten deshalb noch in der ersten Hälfte des 19. Jahrhunderts als ein von allen wirbellosen Tieren durch

eine unüberbrückbare Kluft getrennter Tierstamm. In der Folge
konnten indessen verwandtschaftliche Beziehungen zu den sog.
Manteltieren aufgedeckt werden. Zu diesen gehören die am Mee-
resgrunde festsitzenden Seescheiden und die frei im Meere flottierenden Salpen, beides Formen, die nicht selten koloniebildend
auftreten und die äußerlich auch nicht die entfernteste Ähnlichkeit

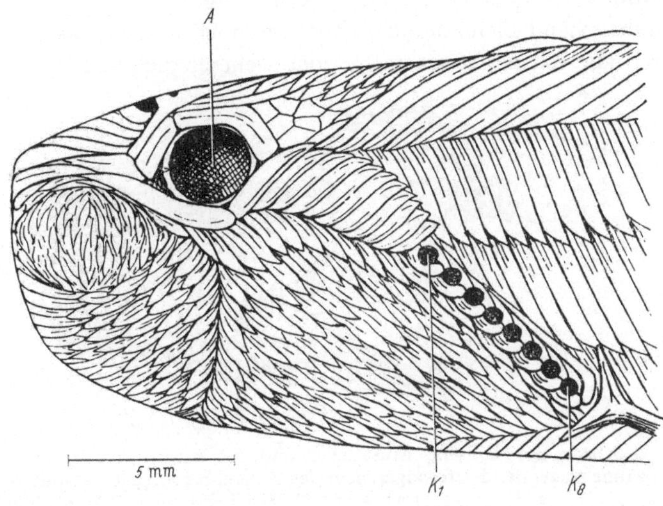



Abb. 2. Birkenia, ein fischähnliches, aber weniger hoch organisiertes Wirbeltier aus dem frühen Erdaltertum. Rekonstruktion des Kopfes in seitlicher Ansicht. Nach A. Heintz (1958). *A* Augenhöhle, *K* 1—8 Kiemenöffnungen. Die
vorn gelegene Mundöffnung in seitlicher Ansicht nicht hervortretend

mit Wirbeltieren erkennen lassen. Die Manteltiere besitzen nämlich, wenn auch zum Teil nur in den Jugendstadien, wie die Wirbeltiere, als elastisches inneres Stützskelett, die sog. Rückensaite
oder Chorda dorsalis. Sie wurden deshalb mit den Wirbeltieren
zur umfassenden Gruppe der Chordatiere vereinigt. Als niedrigst
organisiertes jetzt lebendes Wirbeltier wird das berühmte Lanzett-
fischchen Amphioxus (Branchiostoma) bezeichnet, trotzdem es
nur erst eine Rückensaite aber noch keine Wirbel besitzt. In der
weiteren Entwicklung bildete sich zum Schutz der Sinnesorgane
im Kopfgebiet ein Schädel aus. Solche Formen sind nun etwa
vom Ende der zweitältesten Periode des Erdaltertums durch

einigermaßen gut erhaltene Fossilfunde nachgewiesen. Es waren
dies kleine Tiere von fischartigem Habitus. Sie ernährten sich,
soweit bekannt, offenbar von kleinsten im Wasser schwebenden
(planktonischen) Organismen, die mit dem Atemwasser in den
Mund-Rachenraum gelangten und dort irgendwie zurückgehalten
wurden. Dafür sprechen die zahlreichen engen Kiemenöffnungen
(s. Abb. 2) und das Fehlen einer Bezahnung.

In manchen Fällen konnte nachgewiesen werden, daß bei diesen
Tieren alle Kiemenbogen mehr oder weniger gleichartig gebaut

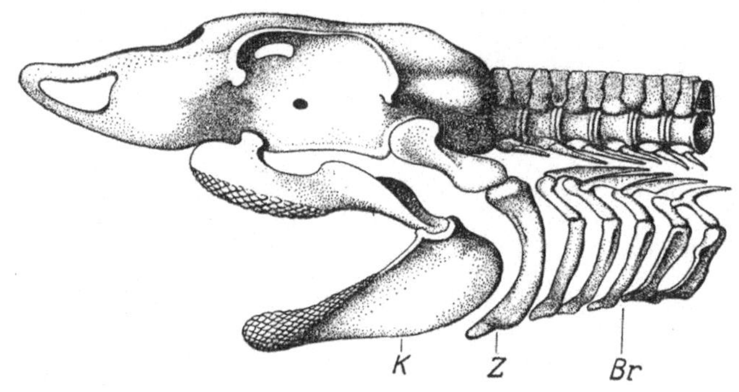


Abb. 3. Schädel des Haifisches Mustelus in seitlicher Ansicht. Hinter dem die
Gebißzähne tragenden Kieferbogen liegt der Zungenbeinbogen, dahinter fünf
Kiemenbogen. Nach C. GEGENBAUR (1898). *K* Kieferbogen, *Z* Zungenbein-
bogen, *Br* Kiemenbogen

waren. Der Übergang zu dem bei den Fischen und den höheren
Wirbeltieren vorliegenden Zustand erfolgte nun in der Weise,
daß einer der Kiemenbogen größere Selbständigkeit erlangte, ausschließlich der Nahrungsaufnahme diente und damit zum Kieferbogen wurde (s. Abb. 3).

Auch dem Neunauge Petromyzon und dem Schleimfisch
Myxine fehlt, wie ihren fossilen Verwandten aus dem Erdaltertum, ein typischer Kieferbogen. Sie ernähren sich jedoch nicht
wie jene von kleinen Planktonorganismen, sondern sind dank
dem Besitz von Hornzähnen (s. Abb. 4) zu furchtbaren Räubern
geworden, welche in neuerer Zeit sogar den Fischbestand der
großen Seen Nordamerikas gefährden.

Die erdgeschichtlich frühesten, mit einem Kieferbogen versehenen Wirbeltiere, die sog. Placodermen, sind fischartige Tiere von

zum Teil fremdartigem Aussehen. Hinsichtlich der Bezahnung liegen verschiedene Zustände vor. Bei gewissen Riesenformen von mehreren Metern Länge können scharfe Knochenzacken die

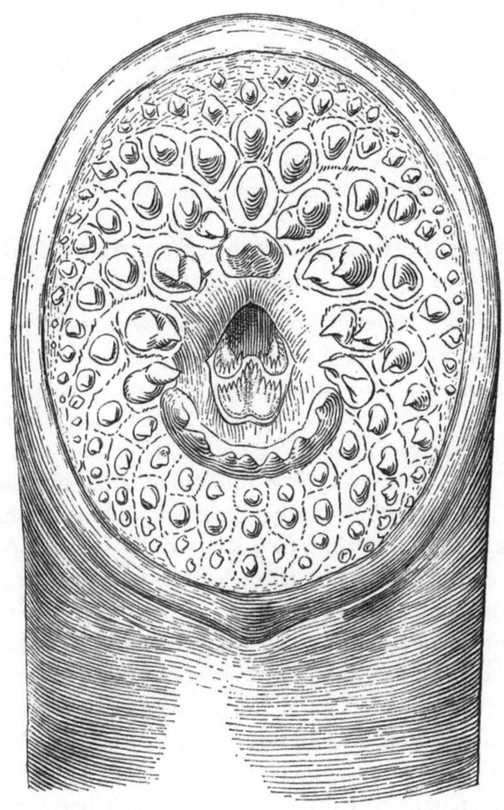

Abb. 4. Mit Hornzähnchen besetzter Saugmund des Neunauges Petromyzon. Nach H. B. Bigelow und W. C. Schroeder (1948)

Rolle von Zähnen übernehmen. Eine Gruppe ist wahrscheinlich völlig zahnlos, während bei einer anderen Gruppe sehr kleine Zähne von nicht genauer bekanntem Bau vorhanden sind. Da es sich jedoch dabei um großenteils spezialisierte Formen handelt, die ausgestorben sein dürften, ohne Nachkommen zu hinterlassen, so mögen diese wenigen Hinweise genügen.

Unter den Fischen, deren Besprechung wir uns nunmehr zuwenden, werden zwei große natürliche Gruppen unterschieden, nämlich die Haifische im weitesten Sinne, deren Skelett nur aus meist teilweise verkalktem Knorpel besteht, und die Knochenfische im weitesten Sinne, deren Skelett neben Knorpel auch Knochen enthält (s. S. 19). Obwohl erdgeschichtlich gewisse Knochenfische schon vor Haifischen nachgewiesen worden sind, stellen wir doch die Besprechung der Haifische an den Anfang, weil diese hinsichtlich des Gebisses in mancher Beziehung sehr ursprüngliche Verhältnisse erkennen lassen.

## 2. Von den Schleimhautzähnchen, den Gebißzähnen und den Hautzähnchen der Haie und Rochen

In der Volksmeinung gelten die Haifische meist insgesamt als fürchterliche Räuber und die größeren Exemplare als Menschenfresser. Wenn sich nun auch dieser Verdacht in vielen Fällen als unbegründet erwiesen hat[1], so gibt es doch andererseits Gattungen und Arten, denen in einer beträchtlichen Anzahl von Fällen Angriffe auf den Menschen mit tödlichem Ausgang sicher nachgewiesen sind. Als einer der gefährlichsten Menschenhaie gilt mit Recht Carcharodon carcharias, der weiße Hai (s. Abb. 5). Im Magen dieser Art wurden schon Seehunde, Seelöwen, Seeschildkröten und über zwei Meter lange Fische festgestellt. Mit einer Länge von bis zu zwölf Metern ist Carcharodon einer der größten jetzt lebenden Fische. Im jüngsten Tertiär gab es noch riesigere Formen der gleichen Gattung, deren größte Zähne eine Höhe von 15 cm erreichen. Die Carcharodonzähne sind breite Dolche, deren schneidende Kanten gezähnelt sind. Bei unvorsichtigem Anfassen von Gebißpräparaten kann man sich in unliebsamer Weise von der Wirksamkeit dieser Schneiden überzeugen.

Glücklicherweise sind nun selbst manche große und mit räuberischem Gebiß versehene Haifische deshalb nicht sehr gefährlich, weil der Mensch nicht zu den Beutetieren gehört, auf die sie eingestellt sind.

Die meisten Haie sind Fischfresser, die ihre Beute unzerteilt verschlucken. Hauptaufgabe der Zähne ist dabei das Festhalten

---

[1] Laut H. B. BIGELOW und W. C. SCHROEDER in „Fishes of the Western North Atlantic", Part I, New Haven 1948.

der gefaßten Beute sowie eine Mitwirkung bei deren Beförderung in die Speiseröhre. Dafür genügen kräftige, nach hinten gekrümmte Zahnspitzen. Zur Ausbildung besonderer Zahnformen kam es bei

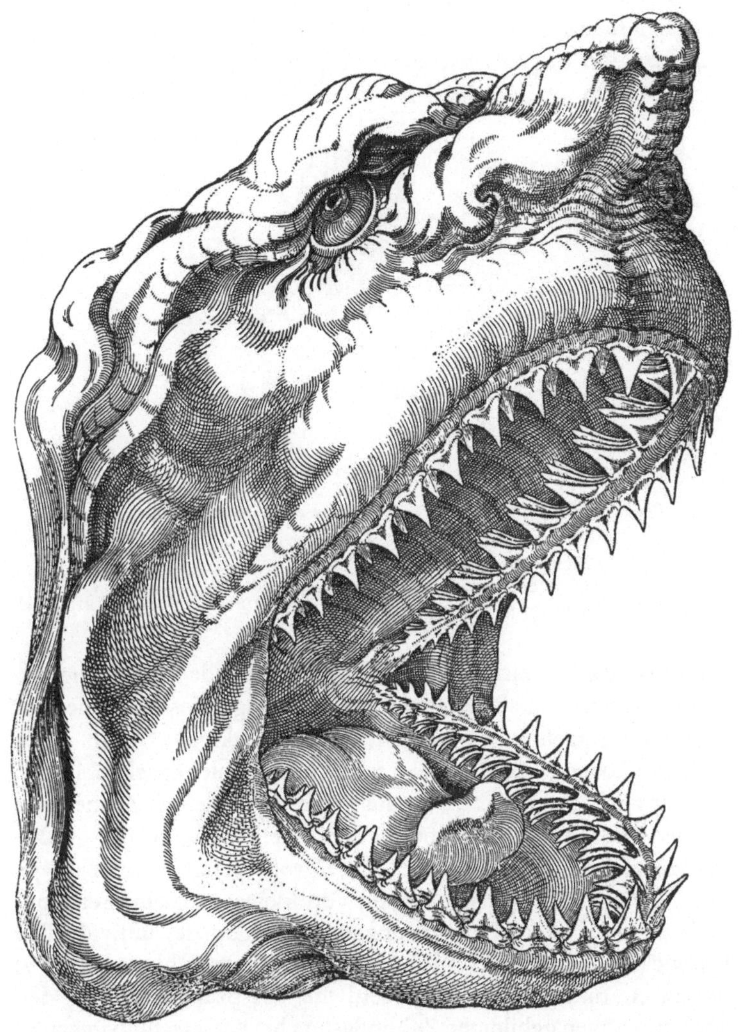

Abb. 5. Kopf eines großen Haifisches (Carcharodon). Nach MICHELE MERCATI (1717); die Abbildung wurde schon 1667 von NICOLAUS STENO veröffentlicht

denjenigen Haifischen, die sich von Muscheln, Schnecken oder anderen hartschaligen Beutetieren ernähren, was zu einer Abplattung der ursprünglich spitzen Zähne führte. Einen Anfang in dieser Entwicklungsrichtung zeigt Heterodontus (Cestracion), bei welcher Gattung nur die Zähne der mittleren und der hinteren Kieferregion abgeplattet, die vorderen dagegen spitz sind (s. Abb. 6). Bei jungen Stadien von Heterodontus sind noch alle

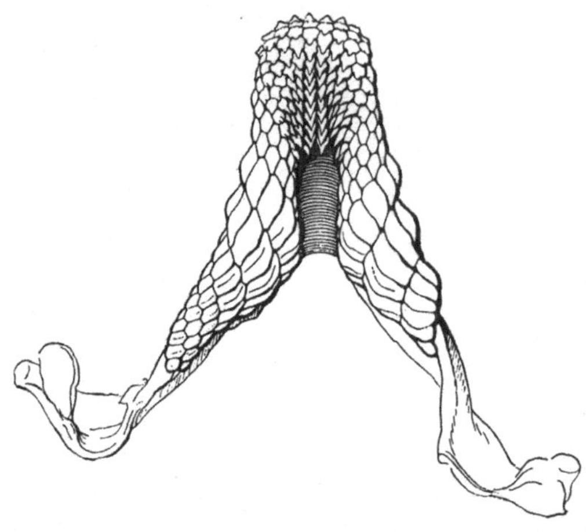

Abb. 6. Oberkiefer des „Port Jackson shark" Heterodontus (Cestracion). Nach B. Peyer (1946).

Zähne spitzig. Gleichartige, aber weitergehende Anpassung des Gebisses an hartschalige Beute führte bei einigen fossilen Haien zur Ausbildung großer Zahnplatten von rechteckigem Umriß. Auch manche Rochen besitzen sehr wirksame Schalenknackgebisse in Gestalt von Zahnpflastern, die aus zahlreichen kleinen Zähnen, aus kleinen und großen Elementen oder aber nur aus relativ großen Platten zusammengesetzt sind. Diese großen Platten entstehen jedoch nicht durch Verschmelzung von kleineren Elementen, sondern durch stärkere Größenzunahme während der individuellen Entwicklung. Im Gebiß eines weiteren Rochens (Rhina (s. Abb. 7) passen ein mittlerer und zwei seitliche Vorsprünge des von den unteren Zähnen gebildeten Zahnpflasters bei Kieferschluß genau in entsprechende Vertiefungen der oberen Bezahnung. Diese ungewöhnliche Gebißgestaltung, die ein exaktes Zusammenspiel oberer und unterer Zähne ermöglicht, wird dadurch erreicht, daß sich an den vorspringenden Stellen zwischen Zahnpflaster und Kieferknorpel aus Bindegewebe bestehende Widerlager ausgebildet haben.

Zwei der allergrößten Haie, die über 13 Meter Länge erreichen können, nämlich der Riesenhai Cetorhinus maximus und der Wal-Hai Rhinodon typus, ernähren sich, wie die Bartenwale, von

Abb. 7. Ober- und Unterkiefer des Rochens Rhina (Rhynchobatus). Ca. ½ nat. Gr. Orig.

kleinen im Meerwasser flottierenden Organismen, die aber auf andere Weise zurückgehalten werden als bei den Walen. Bei diesen verfangen sich nämlich die kleinen Beutetiere bei Kieferschluß in den Fransen der aus verhornten Gaumenleisten hervorgegangenen Barten; bei den genannten Haien dagegen bei Ausstoßung des Atemwassers in den durch ein Gitterwerk verengten Kiemenöffnungen. Die Gitterstäbe (s. Abb. 8) sind aus Zähnchen der Mundschleimhaut (s. S. 14) hervorgegangen.

Dem Menschen stehen für seine ganze Lebensdauer nur zwei Zahngenerationen, die Milchzähne und die Zähne des bleibenden Gebisses, zur Verfügung; beim Haifisch dagegen dauert ein unerschöpflicher Zahnersatz das ganze Leben hindurch an. Die Anzahl dieser Ersatzzahngenerationen ist bisher nicht fesgestellt worden. Wahrscheinlich ist sie nicht bei allen Haien gleich groß,

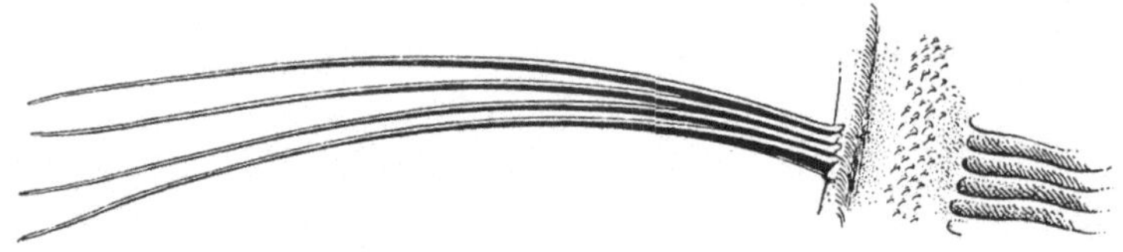

Abb. 8. Cetorhinus maximus (Selache maxima): Zu Gitterstäben einer Kiemenreuse umgewandelte Schleimhautzähnchen. Nach H. B. BIGELOW und W. C. SCHROEDER (1948). Ca. $^1/_4$ nat. Gr.

aber zweifellos in manchen Fällen sehr bedeutend, wie aus folgender Überlegung hervorgeht:

Die Größenunterschiede zwischen den Zähnen eines neugeborenen oder frisch aus dem Ei geschlüpften Haies und den Zähnen eines alten Riesenexemplares sind oft sehr beträchtlich; dagegen sind an Individuen verschiedensten Alters die Größendifferenzen aufeinanderfolgender Ersatzzähne meist außerordentlich klein. Da keinerlei Anzeichen von sprunghaftem Wachstum vorliegen, darf angenommen werden, daß der Größenunterschied zwischen den Zähnen der jüngsten und der ältesten Individuen durch überaus zahlreiche Generationen von Zähnen zunehmender Größe überbrückt wird.

Die funktionierenden Zähne bilden meist nur eine einzige, die Höhe des Kieferrandes einnehmende Längsreihe, an die sich nach innen die Ersatzzähne anschließen. Nur in einigen Gruppen, z. B. bei Rochen und bei Mustelus, stehen mehrere Längsreihen von Zähnen gleichzeitig in Funktion. Querschnittsbilder durch Kiefer solcher Formen führten dazu, von einem Revolvergebiß der Haifische zu sprechen.

Museumspräparate von trocken konservierten Haifischkiefern geben kein völlig natürliches Bild. Am lebenden Tier und am Präparat mit erhaltenen Weichteilen sind nämlich die Ersatzzähne nicht sichtbar, weil sie von einer Schleimhautfalte überdeckt

werden. Diese Falte ist durch Einlagerung von Bindegewebe zu
einem die Ersatzzahnanlagen schützenden Polster verdickt (s. das
Schnittpräparat Abb. 13).

Um in seine Funktionsstellung auf dem Kieferrande zu gelangen, muß nun der Ersatzzahn von innen (lingual) nach außen

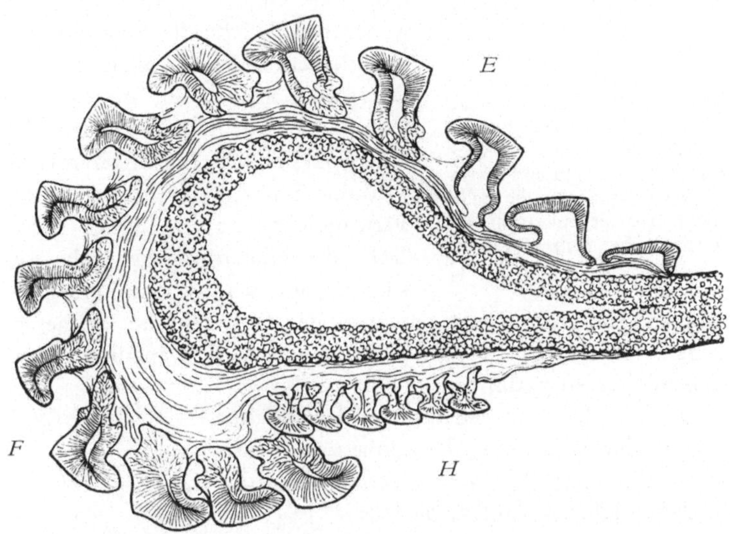


Abb. 9. Unterkiefer des Haies Mustelus: Schliff durch eine Querreihe
von Ersatzzähnen und funktionierenden Zähnen sowie durch angrenzende
Hautzähnchen. Der Kieferknorpel durch Austrocknen etwas deformiert.
Nach H. LANDOLT (1947). *H* Hautzähnchen, *F* funktionierende Gebißzähne,
*E* Ersatzzähne. Vergr. ca. 7mal

(labial) wandern (s. Abb. 9). Hat er als funktionierender Zahn aus-
gedient, so wird er nach außen abgeschoben, verliert die Verbindung mit seinem natürlichen Untergrund und gerät buchstäblich
aufs Pflaster, nämlich auf eine Art Pflaster, das von den Zähnchen
der Körperhaut gebildet wird (s. Abb. 9), und fällt aus. Über
die Art und Weise, wie die genannte Wanderung bewirkt wird,
sind die Meinungen geteilt. Resorptionserscheinungen habe ich
an den ausfallenden Zähnen niemals beobachten können.

Während der Wanderung zur Stelle seiner Funktion muß der
Ersatzzahn überdies eine Stellungsänderung vollziehen (s. Abb. 10),
denn die Spitze des jungen Ersatzzahnes ist zunächst basalwärts

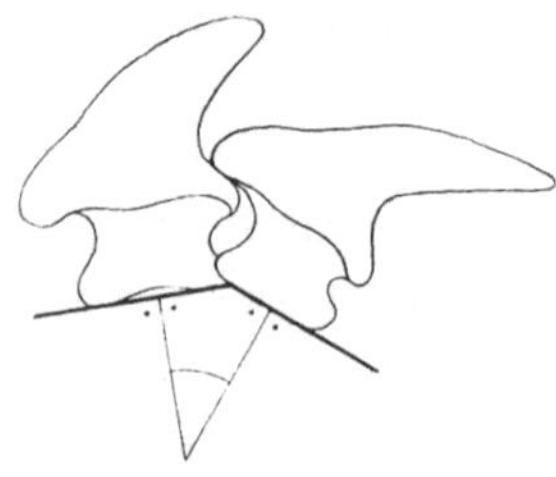

Abb. 10. Positionsänderungs-
winkel. Er gibt die Größe der
einzelnen Drehbewegungen
an, die ein Haifisch-Ersatz-
zahn ausführt, während er von
innen nach außen an die Stelle
rückt, wo er funktionieren
wird; siehe Abb. 11. Nach
H. Landolt (1947)

gerichtet, die Spitze des funktionierenden Zahnes dagegen apikalwärts, d. h.
sie schaut am Oberkieferzahn nach
unten, am Unterkieferzahn dagegen
nach oben (s. Abb. 11). Diese Stellungsänderung kann sich nun entweder in zahlreichen Teilbewegungen
von kleinem Ausmaß vollziehen oder
sie erfolgt nahezu auf einmal erst
unmittelbar vor dem Beziehen der
Funktionsstellung. Im letzteren Falle
wird der Ersatzzahn mit noch basalwärts gerichteter Spitze an der Innenfläche des Kiefers in die Höhe ge-
schoben, um dann überzukippen (s.
Abb. 11) und sich mit seiner ursprünglich der Innenseite des Kiefers
zugekehrten Fläche der Außenfläche des Kiefers anzulegen und
sich mit ihr zu verbinden.

Die Art des Nachrückens der Ersatzzähne
ist von der Anordnung der Zähne und Ersatzzähne abhängig. Wie bereits erwähnt, werden
in dieser Hinsicht unterschieden:

1. parallel zum Kieferrand verlaufende Längsreihen von funktionierenden Zähnen; meist ist
nur eine einzige solche Reihe vorhanden; selten
sind es deren mehrere.

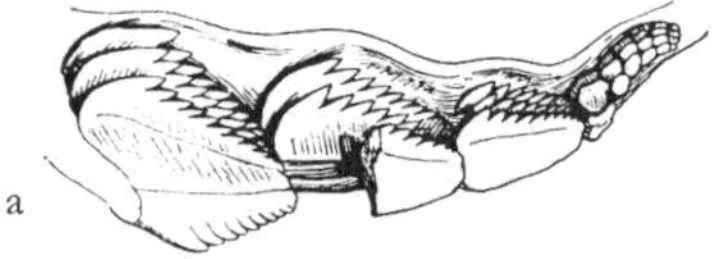

Abb. 11 a u. b. Zahnwechsel im Unterkiefer des Haifisches Hexanchus griseus.
a Hintere Partie des linken Unterkiefers in Innenansicht. Rechts ein Zahn in
Funktionsstellung, mit nach oben gewendeten Spitzen, links anschließend ein
nur zur Hälfte erhaltener Zahn, dessen Spitzen noch nach unten schauen, der
aber schon begonnen hat, seine letzte bedeutendste Positionsänderung zu vollziehen. Ca. 1/3 nat. Gr. b Schematischer Querschnitt durch die erste Querreihe
der Unterkieferzähne. 1. jüngster, 3. ältester Ersatzzahn, 4. funktionierender
Zahn. Nach H. Landolt (1947)

2. Querreihen, die meist aus nur einem, selten aus mehreren funktionierenden Zähnen und den sich nach innen anschließenden Ersatzzähnen bestehen. Sind nun diese Querreihen voneinander distanziert, so kann ein Ersatzzahn nachrücken, sobald sein Vorgänger in der gleichen Querreihe ausgefallen ist. Greifen dagegen

Abb. 12. Zahnwechsel des Haifisches Dalatias licha (Scymnus lichia), rechte Kieferhälften. Im Unterkiefer schauen die Spitzen aller Ersatzzähne nach unten. Infolge der verschränkten Zahnstellung müssen die Zähne einer ganzen Längsreihe fast gleichzeitig gewechselt werden. Nach H. LANDOLT (1947)

die Zähne einer Querreihe in Zwischenräume zwischen den Zähnen benachbarter Querreihen ein, so kann der Ersatzzahn erst nachrücken, wenn nicht nur sein Vorgänger in der eigenen Querreihe, sondern auch der äußerste Zahn in jeder der beiden Nachbarreihen ausgefallen ist. In seltenen Fällen von maximaler Verschränkung ist ein Ersatz einzelner Zähne ausgeschlossen; es müssen ganze Längsreihen von Zähnen auf einmal gewechselt werden (s. Abb. 12).

Die Haifische sind nicht nur durch ihren beneidenswerten Reichtum an Ersatzzahngenerationen von Interesse, sondern auch

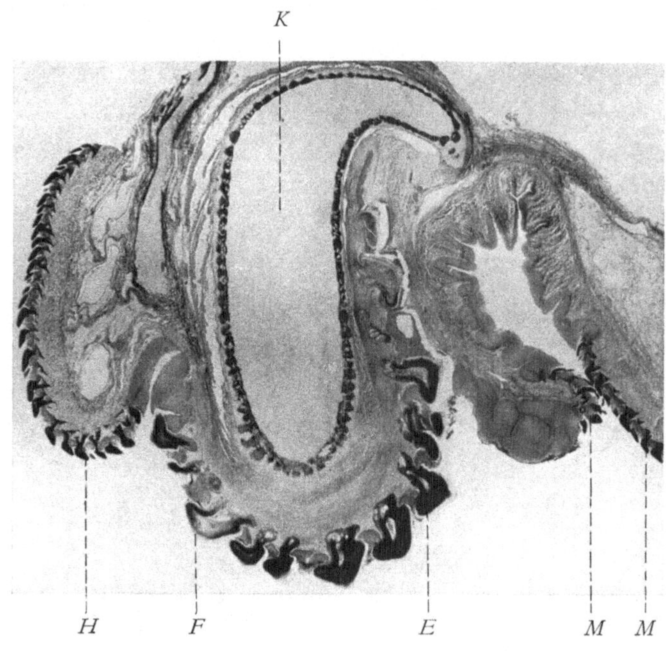


Abb. 13. Schnitt durch den Oberkiefer des Haifisches Mustelus. Links Hautzähnchen, in der Mitte, den Kieferknorpel umgebend, aber von ihm durch eine Bindegewebsschicht getrennt, die funktionierenden Gebißzähne und, an der Innenseite des Kieferknorpels, die in Entwicklung begriffenen Ersatzzähne; die jüngste Ersatzzahnanlage im Bilde zu oberst. Die Schleimhautfalte, welche die Ersatzzähne bedeckt, hat sich in ihrer unteren Partie etwas abgelöst. Nahe der Umschlagstelle dieser Falte befinden sich die äußersten Schleimhautzähnchen, an die sich eine zähnchenlose eingefaltete Schleimhautstrecke und sodann die Schleimhautzähnchen des Munddaches anschließen. Im Kieferknorpel randlich dunkle Verkalkungen. *H* Hautzähnchen, *F* Gebißzähne, *E* Ersatzzähne, *M* Mundschleimhautzähnchen, *K* Kieferknorpel. Orig.

dadurch, daß sie in ihrer Mundhöhle zwei verschiedene Arten von Zähnen besitzen, nämlich außer den Gebißzähnen sog. Mundschleimhautzähnchen, die nach Bau und Größe weitgehend mit den Zähnchen der Körperhaut der Haifische übereinstimmen.

Daß die Haifische auch noch in ihrer äußeren Haut Zähnchen besitzen, war in den Mittelmeerländern früher deswegen bekannter als heutzutage, weil die Schreiner die getrocknete Haut des Katzenhaies als Glaspapier zum Glätten von Holzflächen verwendeten.

Die Anzahl der Mundschleimhautzähnchen wechselt innerhalb sehr weiter Grenzen. Eine auf Grund von Auszählungen vorgenommene Schätzung ergab für die Mund-Rachenhöhle eines

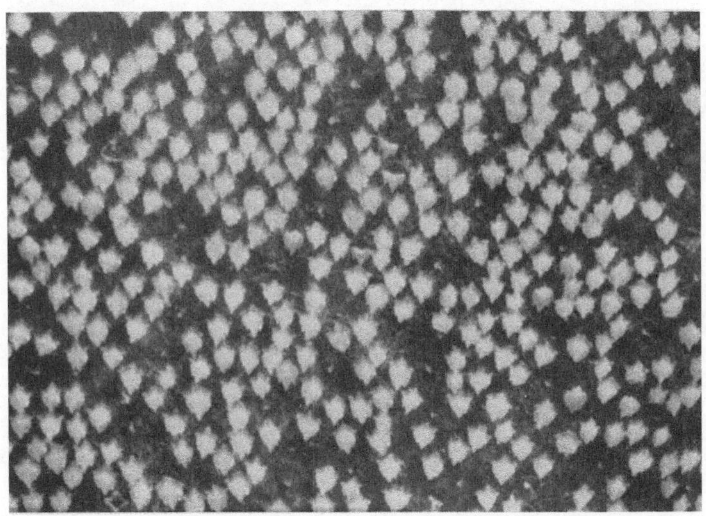

Abb. 14. Mit Hautzähnchen besetzte Schleimhaut des Mundbodens des Haifisches Hexanchus griseus. Die unregelmäßig verteilten dunkeln Flecke sind Stellen, an denen Zahnersatz im Gang ist. Zahlreiche junge Zahnanlagen treten als helle Punkte hervor. Vergr. 4,8:1. Orig.

Carcharodon-Exemplares von $4^1/_2$ Metern Länge, das wir dank dem Entgegenkommen des Naturhistorischen Museums von Lausanne untersuchen konnten, das Vorhandensein von mindestens zwei Millionen solcher Zähnchen. Andererseits können Mundschleimhautzähnchen manchen Gattungen nahezu oder völlig fehlen, wie ja auch die Körperhaut z. B. des Zitterrochens keine Zähnchen besitzt.

Der Größenunterschied zwischen Gebißzähnen und Mundschleimhautzähnchen ist meist gewaltig; nur selten hält er sich, wie z. B. bei dem Glatthai Mustelus (s. Abb. 13) in bescheideneren Grenzen.

Im Feinbau stimmen die Schleimhautzähnchen mit den Hautzähnchen überein; ebenso in der Art des Zahnersatzes, der keinerlei Gesetzmäßigkeit erkennen läßt: In beiden Fällen zeigen flächen-
hafte Präparate vielmehr, daß die Stellen von Ausfall und Neubildung in völlig regelloser Weise verteilt sind (s. Abb. 14 u. 15),
während der Zahnwechsel der Gebißzähne in streng geordneter

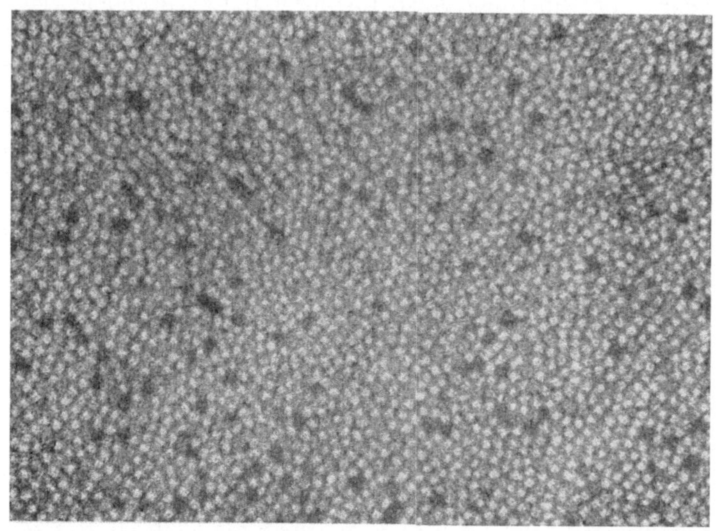

Abb. 15. Carcharodon carcharias, Exemplar von 4,5 Metern Länge, Nat.
Museum Lausanne. Röntgenaufnahme einer Partie der mit Zähnchen besetzten
Mundschleimhaut. Die unregelmäßig verteilten dunklen Flecke entsprechen
Stellen, an denen Zahnersatz im Gang ist. Vergr. 3,8:1. Orig.

Weise vor sich geht. Die Neubildung von Ersatzzähnen in der
Mundschleimhaut und der Körperhaut ist nicht, wie bei den
Gebißzähnen, in die Tiefe verlagert, sondern findet dicht unter
dem Niveau der funktionierenden Zähne statt.

Die Tatsache, daß die Haifische sowohl in ihrer Körperhaut als
auch in der Schleimhaut ihrer Mundhöhle gleichartige kleine
Zähne besitzen, dürfte mit einem Grundzug der Entwicklungsgeschichte der Wirbeltiere zusammenhängen. Deren Mundhöhle
steht nämlich nicht von Anfang an in offener Verbindung mit dem
Darmrohr, sondern dieses ist an seinem Vorderende zunächst blind
geschlossen und die spätere Mund-Rachenhöhle stellt lediglich

16

eine eingebuchtete Partie der äußeren Körperoberfläche dar (s. Abb. 16). Da nun aber die ganze Körperhaut mit Zähnchen ausgestattet ist, so wird ohne weiteres verständlich, daß auch ihre eingebuchtete Partie mit Zähnchen versehen ist. Diese Zähnchen der Mundhöhle waren vermutlich ursprünglich alle klein. Diejenigen von ihnen jedoch, welche Beziehungen zu darunter liegenden

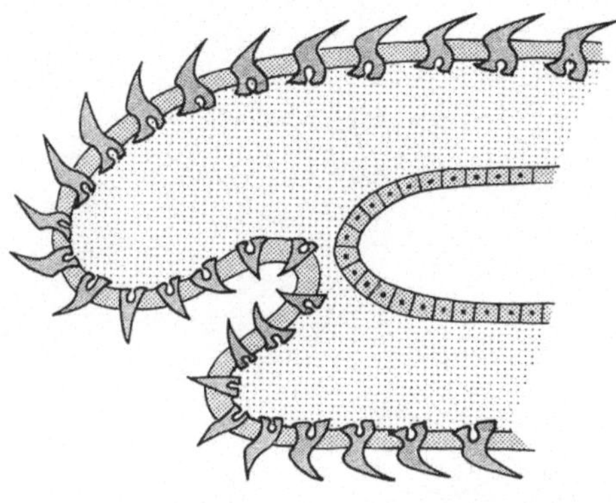

Abb. 16. Mundbucht und Rachenhaut (schematisch). Auf frühen Entwicklungsstadien ist die Mundhöhle lediglich eine eingebuchtete Partie der Körperoberfläche; das Darmrohr ist an seinem Vorderende noch geschlossen. Die beiden Hohlräume treten erst nach dem Einreißen der sie trennenden sog. Rachenhaut in offene Verbindung. Die Körperhaut der Haifische besitzt Hautzähnchen. Deshalb ist auch diejenige Hautpartie, welche die Mundbucht, das sog. Stomodäum, auskleidet, mit Zähnchen ausgestattet, aus welchen die Schleimhautzähnchen und die Gebißzähne der Mundhöhle hervorgehen. Orig.

Skeletteilen gewannen, erlangten im Dienste der Nahrungsaufnahme funktionelle Bedeutung, wurden größer und entwickelten sich zu Gebißzähnen, während die übrigen, funktionell weniger bedeutsamen Zahnbildungen klein blieben und sich entweder als Mundschleimhautzähnchen erhielten oder aber teilweise oder völlig verloren gingen.

Schließlich sei noch einer Eigenart des Baustiles aller Haifischzähne gedacht, weil sich diese Eigenart bei näherer Betrachtung als funktionell bedingt erweist. Alle Haifischzähne sind nämlich durch eine relativ bedeutende Größe der Zahnbasis ausgezeichnet (s. Abb. 17 u. 18). Dies hängt nun offenbar mit dem Baumaterial des Haifischskelettes insofern zusammen, als dieses keinen Knochen, sondern nur Knorpel enthält. Deshalb kommen all jene

Befestigungsweisen der Zähne auf oder in den Kiefern, welche
der Knochen als Skelettmaterial bietet, für den Haifisch nicht in

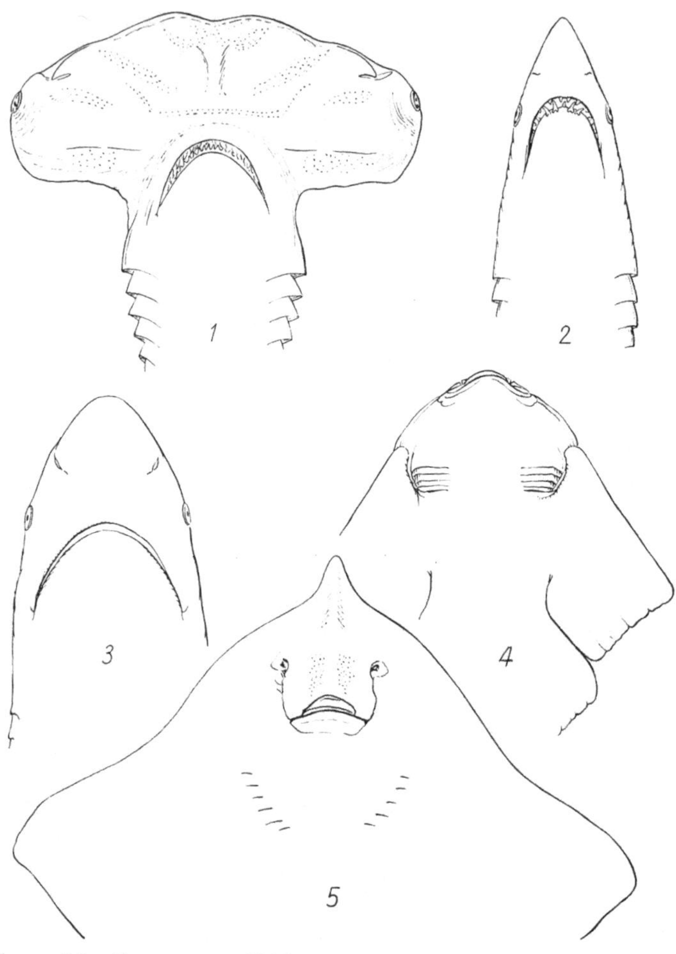

Abb. 17. Mundformen von Haifischen. 1. Hammerhai, Sphyrna bigelowi;
2. Isurus oxyrhynchus; 3. Carcharhinus limbatus; 4. Squatina dumeril; 5. Rochen, Raja marginata. Nach H. ZB. BIGELOW und W. C. SCHROEDER (1948)

Betracht, sondern die Haifischzähne werden durch zahlreiche Bindegewebsfasern in einer derben Haut festgehalten, welche den Kiefer

überzieht. Weil nun jede dieser Haltefasern am Zahn eine Ansatzstelle beansprucht, führte dies notwendigerweise zu einer Vergrößerung der Basis des Haifischzahnes.

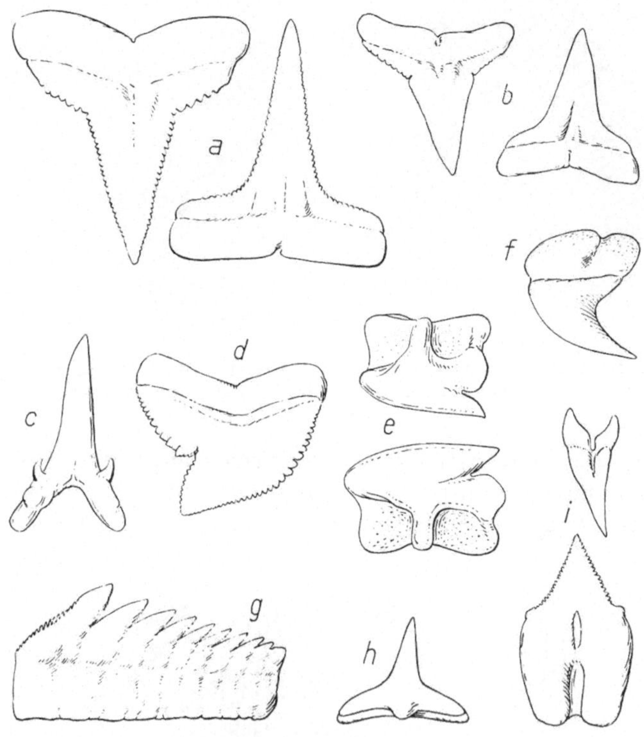


Abb. 18. Zahnformen von Haifischen. *a* Carcharhinus limbatus, *b* Negaprion
brevirostris, *c* Carcharias taurus, *d* Galeocerdo cuvier, *e* Squalus acanthias,
*f* Rhinodon typus, *g* Hexanchus griseus, *h* Squatina dumeril, *i* Dalatias licha.
Nach H. B. BIGELOW und W. C. SCHROEDER (1948)

## 3. Vom Gebiß der Knochenfische

Wie bei den Haien und Rochen, so führte auch bei den Knochenfischen große Härte der Nahrung, z. B. wenn diese aus hartschaligen Muscheln und Schnecken besteht, zur Ausbildung besonderer Gebißformen (s. Abb. 19). Diese Erscheinung stellte
sich immer wieder aufs neue zu den verschiedensten Zeiten der
Erdgeschichte und in den verschiedensten Unterabteilungen der

Fische ein. Meistens sind dabei halbkugelige oder abgeplattete
Zähne zu einem Pflaster vereinigt, das randlich von konischen oder

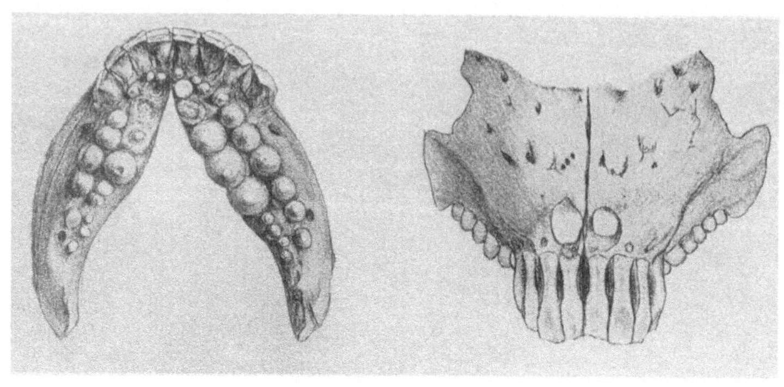

a                       b

Abb. 19a u. b. Geißbrassen, Sargus. *a* Unterkiefer von S. rufescens, *b* Oberkiefer (Prämaxillare) von S. vetula mit schneidezahnförmigen vorderen Zähnen.
Nach R. Owen

schneidezahnförmigen Zähnen umgeben sein kann (s. Abb. 20).
Solche Gebisse dürften mehr nur zum Schalenknacken gedient
haben, als daß sie eigentliche Kauleistungen vollbrachten.

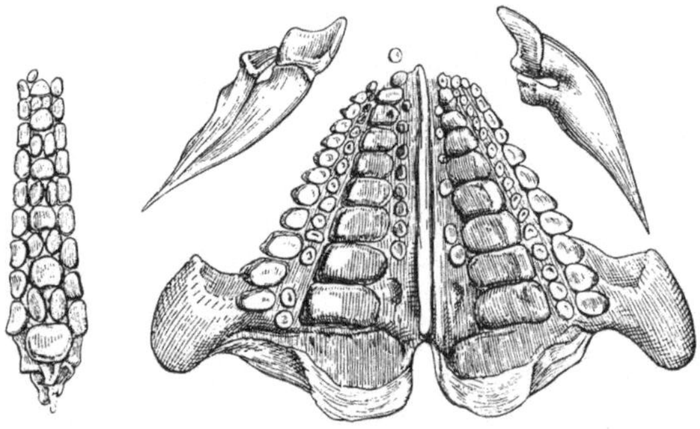

Abb. 20. Gebiß des ausgestorbenen Schmelzschuppers Microdon elegans.
Links obere Gebißpartie; rechts Unterkiefer und dessen schneidezahnförmige
vorderen Zähne. Nach K. A. v. Zittel

Die Knochenfische werden, trotzdem sie sehr viel mehr Gattungen und Arten aufweisen als die Haie und Rochen, von diesen
an Mannigfaltigkeit der Zahnformen übertroffen. Am häufigsten

finden sich bei den Knochenfischen einfach kegelförmige Zähne mit rückwärts gebogener Spitze, wie sie für das Festhalten der Beute, die als Ganzes verschluckt wird, sowie für deren Beförderung in die Speiseröhre genügen. Weit voneinander entfernte

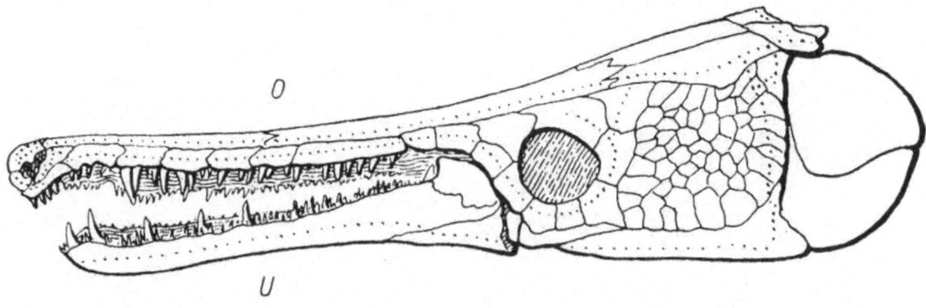


Abb. 21. Schädel des nordamerikanischen jetztlebenden Schmelzschuppers Lepidosteus in seitlicher Ansicht. Nach E. S. GOODRICH (1909). *O* der aus sechs einzelnen Knochen bestehende Oberkiefer, *U* Unterkiefer

Zähne können dabei in sinnvoller Weise zusammenwirken, ohne daß sich solche Antagonisten bei Kieferschluß zu berühren brauchen. Ausbildung von scharfen, schneidenden Kanten an den Zähnen ist nicht sehr häufig: Wir nennen hierfür als Beispiel die

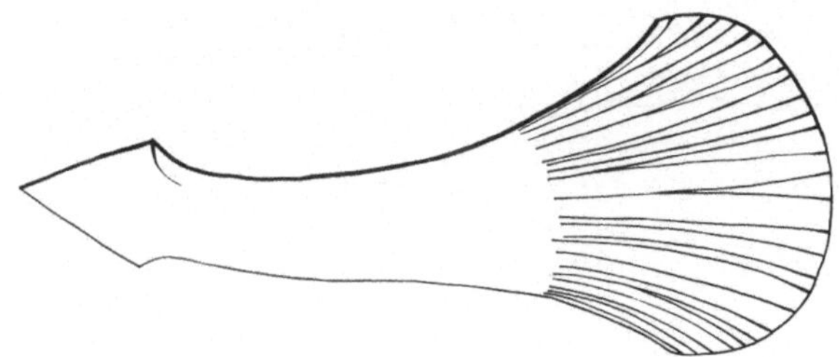

Abb. 22. Einer der zu Lanzetten ausgebildeten großen Fangzähne von Lepidosteus; vgl. Abb. 21. Orig. Ca. 3mal nat. Gr.

berüchtigten Piranhas, kleine Süßwasserfische Südamerikas, die, in Scharen auftretend, ins Wasser geratene Säugetiere oder Menschen in kurzer Zeit zu skelettieren vermögen. Die Fangzähne von Lepidosteus (s. Abb. 21), einem räuberischen Fisch einiger Flüsse Nordamerikas, sind zu Lanzetten ausgebildet (s. Abb. 22). Es gibt aber daneben auch ausgesprochen räuberische Fische, aus deren Gebißcharakter sich diese Eigenschaft nicht ohne weiteres ablesen läßt, wie z. B. den Wels, der nur sehr kleine, sog. Bürstenzähne besitzt, diese allerdings in sehr großer Zahl. Groß sind die Zahnzahlen auch bei der sog. Chagrin-Bezahnung, bei welcher mehr

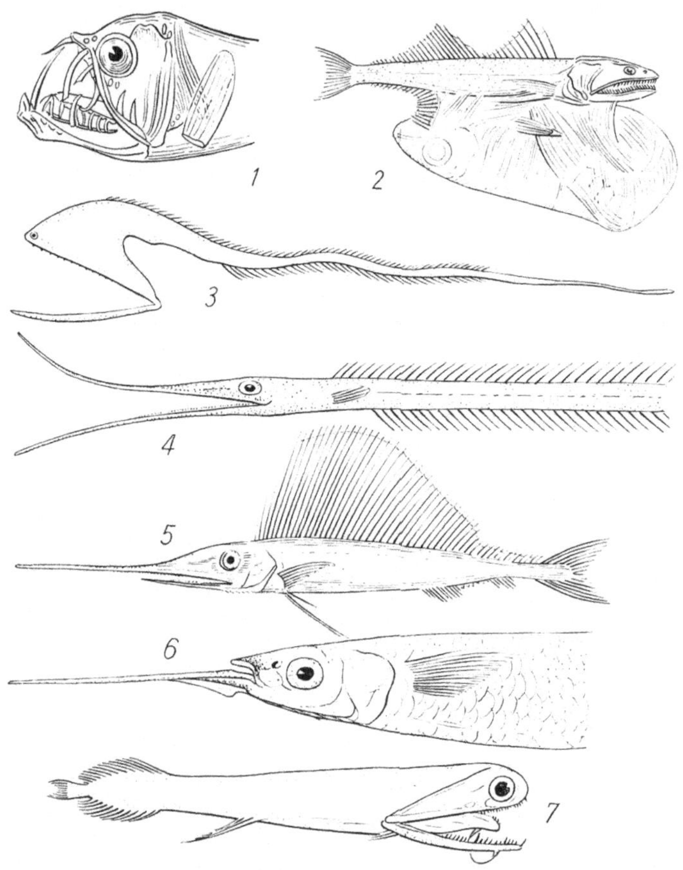

Abb. 23. Mundformen von Knochenfischen. 1. Chauliodus, 2. Chiasmodon, 3. Macropharynx, 4. Labichthys; 5. Histiophorus, 6. Hemirhamphus, 7. Malacosteus. 1. nach A. Günther, 2.—7. nach E. S. Goodrich (1909)

oder weniger ebene, der Mundhöhle zugekehrte Knochenflächen mit dichtgedrängten, kleinen, halbkugeligen oder unregelmäßig geformten Zähnchen besetzt sind.

Die Gestaltung des Mundes wird naturgemäß auch durch das Größenverhältnis zwischen Jäger und Beutetier wesentlich beeinflußt. Die Zusammenstellung von Mundformen in Abb. 23. zeigt,

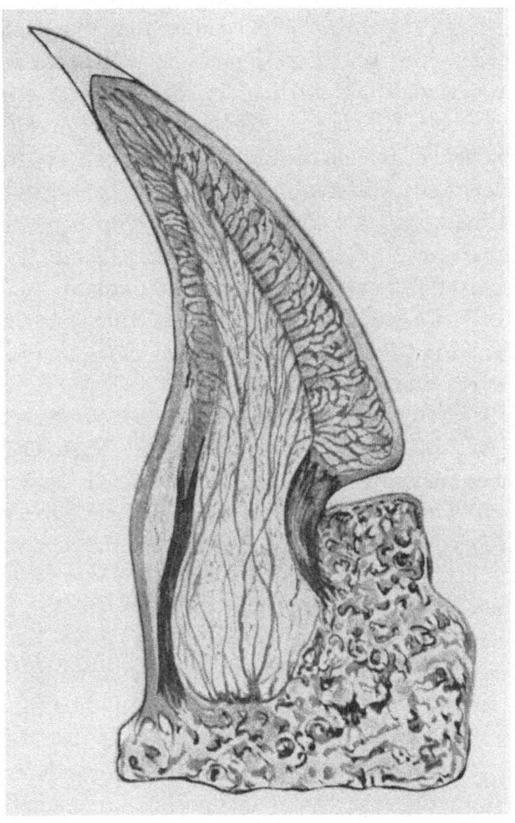

Abb. 24. Bewegliche Befestigung der großen Fangzähne des Hechtdorsches Merluccius. Der nach hinten gekrümmte Zahn wird bei der schlundwärts gerichteten Bewegung eines Beutestückes umgelegt, um sich später dank der Elastizität seiner Bänder wieder automatisch aufzurichten. Ein Überkippen nach vorn wird durch die Form der knöchernen Auflagefläche verhindert. Nach J. H. MUMMERY (1924). Ca. 38mal nat. Gr.

welche großen Unterschiede in dieser Hinsicht bei den Knochenfischen bestehen. Als extreme Formen seien hervorgehoben einerseits Seepferdchen und Seenadel mit ihrem engen, zur Pipette ausgebildeten Munde und andererseits der Seeteufel mit seinem weiten Rachen; ferner gewisse Tiefseefische, die fast nur aus einem gewaltigen Maul zu bestehen scheinen.

Meist liegt die Mundöffnung am vorderen Körperende. Sie kann jedoch in manchen Fällen dadurch an die Bauchseite verlagert werden, daß vor dem eigentlichen Oberschädel ein spitzkegelförmiger, das Durchschneiden des Wassers erleichternder Vorbau, ein sog. Rostrum, ausgebildet wird. Ein solches ist bei den Haifischen allgemein verbreitet, was ihnen die Bezeichnung Quermäuler (Plagiostomen) eingetragen hat. Eine charakteristische Eigenschaft des Mundes einiger Knochenfische ist seine Vorstreckbarkeit. Ihre Ausbildung wurde teils durch eine besondere Ausgestaltung der zugehörigen Muskulatur, teils dadurch erreicht, daß die schlanken knöchernen Elemente in der Umgebung der Mund-Rachenhöhle zu Teilen eines sinnvoll arbeitenden Gestänges wurden.

Die großen Fangzähne einiger räuberischer Fische, wie z. B. des Dorsches (s. Abb. 24) können während des Verschluckens eines Beutestückes nach hinten umgelegt und nach dessen Passieren automatisch wieder aufgerichtet werden. Ein Überkippen des Zahnes nach vorn wird dadurch verhindert, daß der vordere Teil seiner Basis bei erreichter senkrechter Stellung einer ebenen Fläche der knöchernen Unterlage aufsitzt.

Im Gegensatz zu den Haien und Rochen ist bei den Knochenfischen eine Unterscheidung von Gebißzähnen und Schleimhautzähnchen nicht durchführbar. Die Kiemenbogenzähnchen der Knochenfische sitzen nicht unmittelbar auf dem eigenlichen Skelett der Kiemenbogen, sondern sind auf besonderen Knöchelchen befestigt, die eine bisher erst wenig untersuchte Mannigfaltigkeit der Formen aufweisen (s. Abb. 25). Genauer beschrieben sind namentlich die eine gewisse Größe erreichenden sog. Schlundzähne, welche den hintersten, unvollständig ausgebildeten Kiemenbogen, den sog. Schlundknochen, aufsitzen und zwar entweder deren oberen und unteren Abschnitt (s. Abb. 26 u. 27). oder aber, wie z. B. bei den Karpfen, nur dem rudimentären unteren Kiemenbogen. Dessen untere Schlundzähne haben keine Zähne als Antagonisten, sondern wirken gegen einen von einer Hornplatte bedeckten Vorsprung der Schädelbasis.

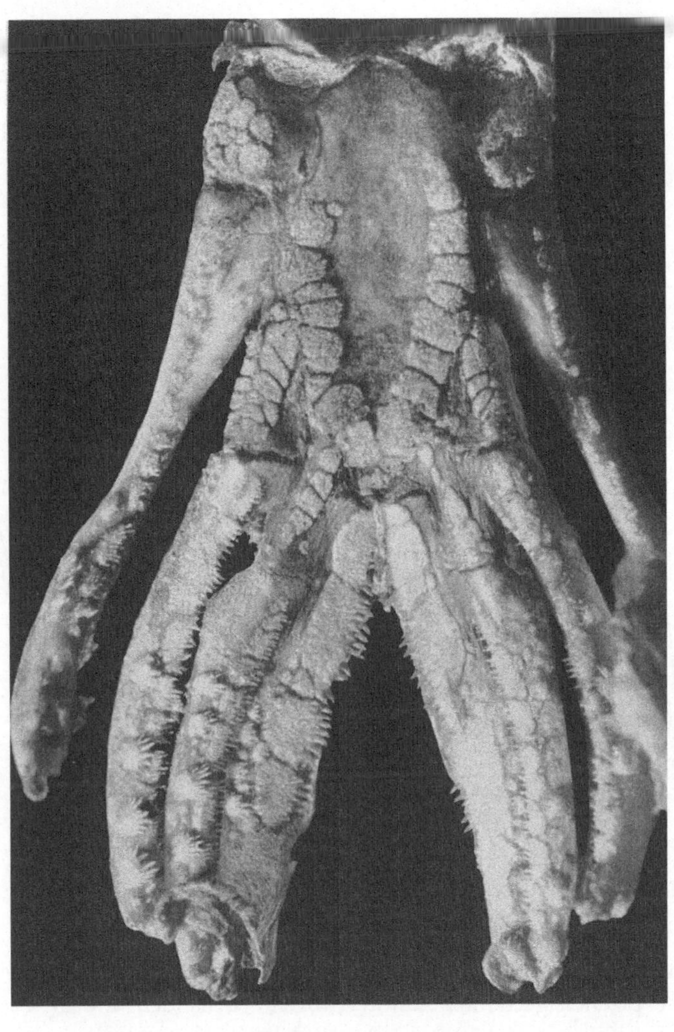

Abb. 25. Kiemenbogen mit Zähnchen des Schmelzschuppers Polypterus. Orig.
Ca. 2¼ nat. Gr.

Während bei den Haifischen der Ersatz aller Gebißzähne durch
eine Zahnleiste geregelt wird, ist dies bei den Knochenfischen
nicht der Fall. Dieser Unterschied dürfte mit der Verschiedenheit

des Skelettmaterials zusammenhängen, denn bei den Haien und
Rochen sitzen die Gebißzähne nur den wenigen großflächigen
Kieferknorpeln auf, während die Mund-Rachenhöhle der Knochen-
fische von einer größeren Anzahl zum Teil zahntragender Knochen

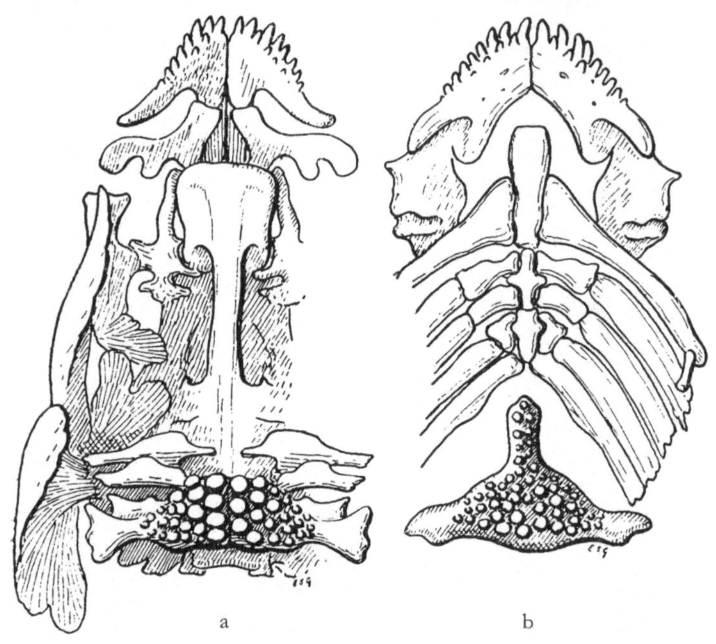

a          b

Abb. 26a u. b. Gebiß des Lippfisches Labrus maculatus. a Schädel und oberer
Teil der Kiemenbogen; b Unterkiefer und unterer Teil der Kiemenbogen; im
Bilde unten die großen, zähnetragenden Schlundknochen. Nach E. S. GOODRICH
(1909)

umgeben wird. Es sind somit zahlreiche, voneinander durch zahnlose Flächen getrennte Zahnterritorien vorhanden und in jedem
dieser Territorien hängt die Art und Weise des Zahnersatzes mit
der Form des die Zähne tragenden Knochens zusammen.

Ein weiterer, sehr wesentlicher Unterschied zwischen Haien und
Knochenfischen soll hier nur angedeutet werden: Bei den Haien
stimmen nämlich die Schleimhautzähnchen der Mundhöhle weitgehend mit den Zähnchen der Körperhaut überein, während sich
die Hartgebilde der Körperhaut der Knochenfische, das heißt ihre

Schuppen, in ihrem Bau tiefgreifend von den Zähnen der Mundhöhle unterscheiden. Dagegen stimmen Haie und Knochenfische in
gewissen Grundzügen der Schädel-
architektur, die sich auch auf die
Möglichkeiten der Gebißgestaltung auswirken, deswegen überein, weil beide Kiemenatmer sind.
Die in beiden Fällen gleichartigen
funktionellen Ansprüche der Re-
spiration dürften zu einer in den
allgemeinsten Zügen gleichartigen
Formgebung geführt haben.

## 4. Von den Zähnen der Amphibien

Die Amphibienlarven sind
Kiemenatmer, die erwachsenen
Amphibien dagegen Lungenatmer.
Der Übergang von der einen zur
anderen Atmungsweise vollzieht
sich sozusagen unter unseren
Augen. Er ist deshalb bis in alle
Einzelheiten genau bekannt. Die
Kaulquappe besitzt noch wohl-
ausgebildete Kiemenbogen. Wäh-
rend der Metamorphose dieser
Larve vereinfacht sich das Kiemen-
bogenskelett im wesentlichen zu

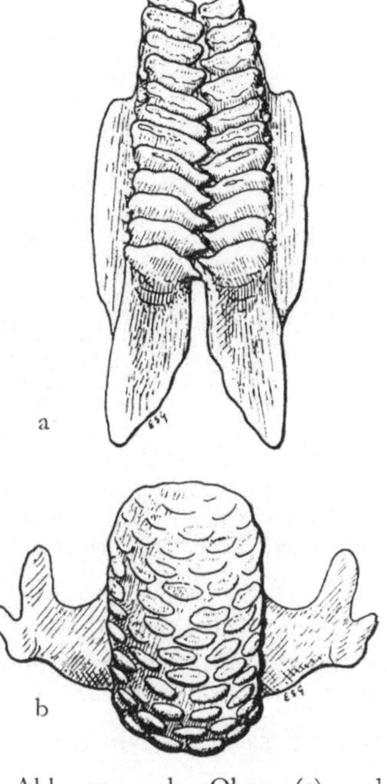

Abb. 27a u. b. Obere (a) und
untere (b) bezahnte Schlundknochen des Papageifisches Pseudo-
scarus. Nach E. S. Goodrich
(1909)

einem Zungenbein. Auf die Bezahnung wirkt sich diese Umwandlung in einer beträchtlichen Einschränkung der Ausdehnung des
bezahnten Areales aus, indem die der respiratorischen Funktion
entfremdeten Kiemenbogen ihre ursprünglich vorhandene Bezahnung verloren haben.

Am einschneidensten ist die Metamorphose bei den Fröschen deshalb, weil sich ihre Larven von pflanzlichem Material ernähren und zu
dessen Bewältigung mit Hornzähnchen ausgestattet sind (s. Abb. 28).

Bei den meisten Fröschen ist die Bezahnung auf die Oberkiefer
beschränkt; Kröten besitzen überhaupt keine Zähne. Trotz der

geringen Größe der Froschzähne dürfte ihnen doch eine gewisse
Bedeutung zukommen. Dies ist deshalb zu vermuten, weil der
Zahnwechsel ungemein lebhaft ist (s. Abb. 29). Frösche sind erdgeschichtlich seit dem Anfang des Erdmittelalters, das heißt seit vielen Millionen Jahren nachgewiesen. Der Grund dafür, daß ihre bescheidene Bezahnung während dieses ungeheuer langen Zeitraumes nicht verloren ging, könnte darin liegen, daß die kleinen, rückwärts gekrümmten Zahnspitzen bei der Beförderung der Nahrungspartikel in die Speiseröhre mitwirkten, also funktionell

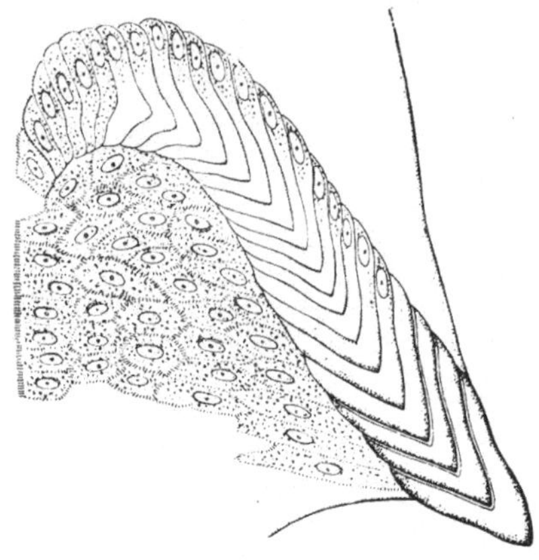

Abb. 28. Hornzähnchen der Kaulquappe des Wasserfrosches Rana esculenta mit zahlreichen Ersatzzähnchen. Nach F. E. Schulze

von Bedeutung waren. Die funktionierenden Zähne des Frosches
stehen auf hohlen knöchernen Sockeln, die bei jedem Zahnwechsel
abgebaut und für den Nachfolger neu gebildet werden. Der noch
kleine Ersatzzahn tritt durch ein Pförtchen ins Innere des Sockels

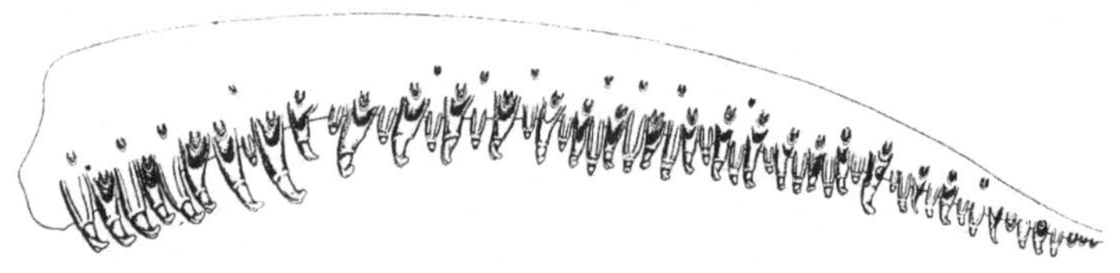

Abb. 29. Funktionierende Zähne und Ersatzzähne verschiedenen Alters im
Oberkiefer des Wasserfrosches Rana esculenta. Nach P. Meyer (1944). Ca.
11mal nat. Gr.

(s. Abb. 30) und wächst darin zu seiner vollen Größe heran, während der knöcherne Sockel resorbiert wird.

Die geologisch ältesten Amphibien sind die sog. Stegocephalen,
die zu Ende der Devon- oder zu Anfang der Carbonperiode aus
einer Abteilung von Quastenflossern hervorgingen. Ihr Name
besagt, daß die Schläfengegend des Schädels nicht, wie bei den

meisten Reptilien, Öffnungen aufweist, sondern völlig knöchern
überdacht ist. Unter diesen Stegocephalen gab es Tiere, die mit

mehreren Metern Länge die größten Amphibien darstellen, die je
gelebt haben; und viele weitere
Formen übertrafen die heutigen Amphibien beträchtlich an
Größe. Daneben gab es aber auch
kleinere Gattungen und Arten.

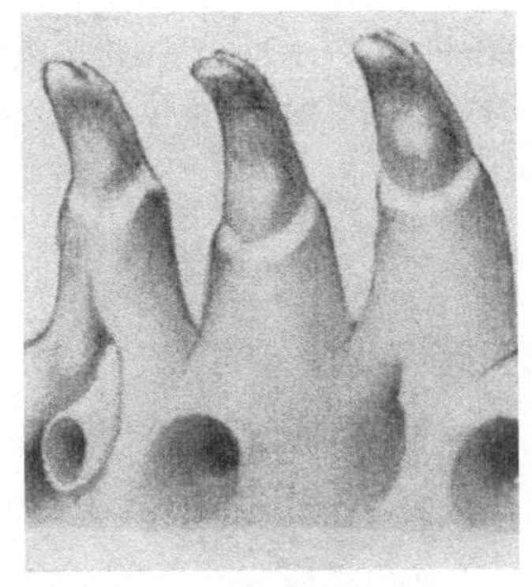

Abb. 30. Junger Ersatzzahn des Wasserfrosches Rana esculenta vor seinem Ein-
treten in den hohlen knöchernen Sockel
des funktionierenden Zahnes. Nach P.
MEYER (1944). Ca. 36mal nat. Gr.

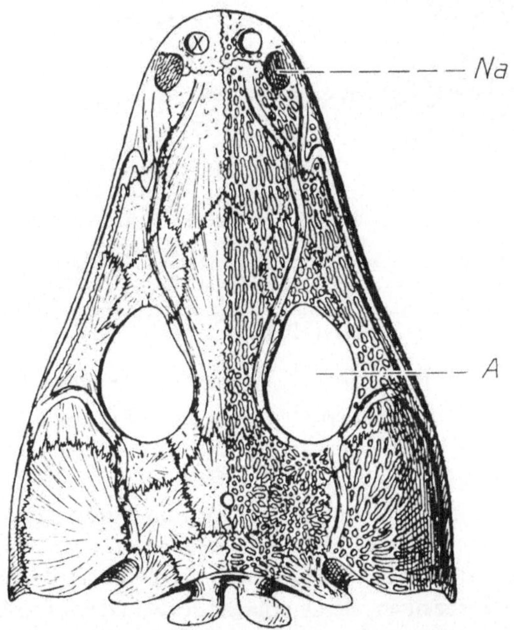


Abb. 31. Schädel eines fossilen Amphibiums, des Stegocephalen Mastodonsaurus,
von oben gesehen. Die beiden mit x bezeichneten Löcher nahe dem Vorderrande
der Schnauze dienen zur Unterbringung der vergrößerten Fangzähne des Unterkiefers. *Na* Nasenöffnung, *A* Augenhöhle. Nach K. A. v. ZITTEL. Ca. 11mal nat.
Gr.

Wahrscheinlich waren sie alle Fleischfresser. Nur von einigen kleinen Formen läßt sich nach A. S. ROMER nicht mit Sicherheit ausschließen, daß sie sich nach Art von Froschlarven ernährt haben könnten. Die durchwegs kegelförmigen Zähne waren für eine Zerkleinerung der Nahrung zweifellos nicht geeignet. Bezüglich der

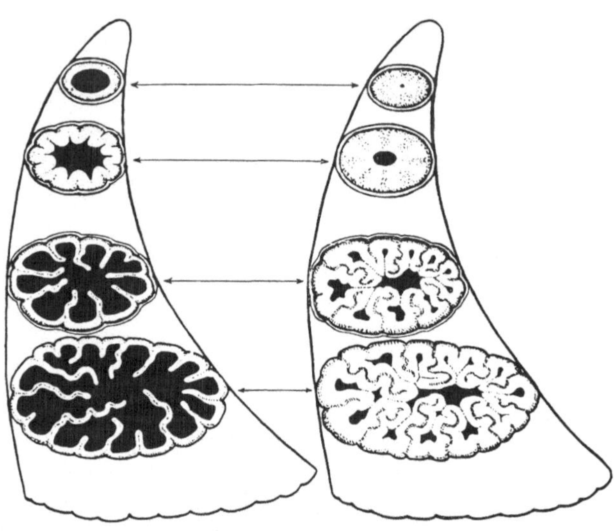

Abb. 32. Querschliffe durch Zähne eines fossilen Amphibiums, des Stegocephalen Benthosuchus, welche die von der Spitze zur Basis zunehmende Faltung des Zahnbeins zeigen. Links junger, rechts fertig ausgebildeter Zahn. Nach A. P. BYSTROW (1938)

Größe der Zähne bestehen oft beträchtliche Unterschiede, wobei im Gegensatz zu manchen Reptilien nicht die Zähne der Kieferränder, sondern die Zähne einer nach innen von diesen gelegenen weiteren Reihe, die größere Dimensionen aufweisen. In einigen Fällen erreichten ein linker und ein rechter, vorn im Unterkiefer gelegener Fangzahn eine solche Größe, daß sie einen vollständigen Kieferschluß verhindert haben würden, wenn nicht zur Aufnahme dieser Fangzähne je eine bis an die Oberfläche des Schädeldaches reichende Lücke ausgespart worden wäre (s. Abb. 31).

In der Bauweise der Zähne finden sich bei den Stegocephalen Unterschiede, die deswegen zur Aufstellung zweier großer Gruppen herangezogen wurden, weil mit diesen Differenzen bedeutsame

Unterschiede im Bau der Wirbel Hand in Hand gehen. In der
einen Gruppe ist nämlich die Wandung der kegelförmigen Zähne
gegen die Basis hin in radiäre Falten gelegt; in der anderen Gruppe
fehlt eine solche Faltung oder ist nur schwach angedeutet. Wie

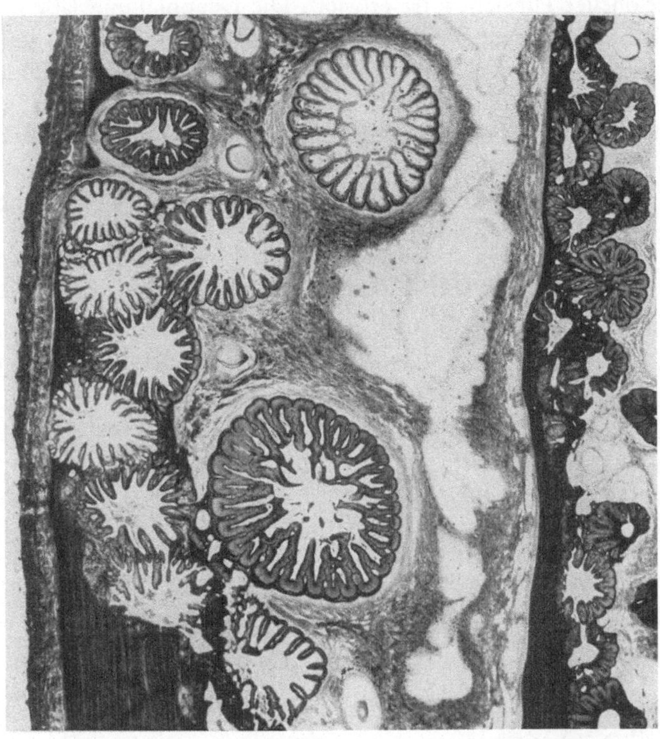

Abb. 33. Horizontalschnitt durch einen Kiefer des jetztlebenden nordamerikanischen Schmelzschuppers Lepidosteus; zeigt die radiäre Faltung des Dentins
der Zahnwandung. Orig.

Abb. 32 zeigt, nimmt die Intensität der Faltung basalwärts zu. Sie
kann derartig kompliziert werden, daß die ursprünglich basal weite
Pulpahöhle von einem wirren Faltenwerk völlig ausgefüllt wird.
In diesem Falle spricht man von labyrinthischer Zahnstruktur.

Radiäre Faltung der Zahnwandung ist aber nun nicht etwa auf
die Stegocephalen beschränkt, sondern findet sich vereinzelt auch
in anderen, nicht näher miteinander verwandten Abteilungen,

z. B. bei dem Schmelzschupper Lepidosteus (s. Abb. 33), bei einigen Quastenflossern, bei manchen Ichthyosauriern und ferner bei vereinzelten anderen Reptilien. Weil dieser Baustil aber bei den Stegocephalen am weitesten verbreitet ist, so sei er bei diesen in funktioneller Hinsicht kurz erörtert. Die Dentinfaltung läßt sich nämlich mit einer Wellblechkonstruktion vergleichen, durch welche ein Hohlkegel ohne großen Mehraufwand an Baumaterial eine größere Festigkeit erhält. Zum Vergleich damit sei darauf hingewiesen, daß große, funktionell stark beanspruchte Haifischzähne auf andere Weise eine größere Festigkeit erlangen, indem ihre ursprünglich weite Pulpahöhle durch ein Gefüge von sog. Bälkchenzahnbein ausgefüllt wird.

## 5. Von den Zähnen der Reptilien

Für die bei den Fischen erörterten Zusammenhänge zwischen dem Bau des Gebisses und der Beschaffenheit der Nahrung bieten

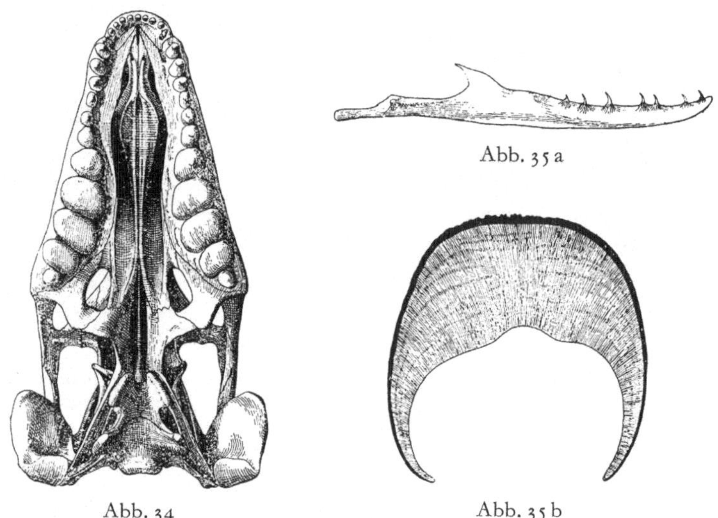

Abb. 35 a

Abb. 35 b

Abb. 34

Abb. 34. Gaumendach der Echse Dracaena guianensis. Schalenknack-Gebiß mit abgeplatteten Zähnen. Nach B. Peyer (1929). ¾ nat. Gr.

Abb. 35a u. b. Jugendlicher Unterkiefer der Echse Varanus niloticus mit spitzen Zähnen (Vergr. ca. 2,2mal), darunter Ersatzzahn eines stumpfzahnigen alten Exemplares im Vertikalschnitt (Vergr. ca. 5,8mal). Schmelz schwarz, Zahnbein gestrichelt. Nach B. Peyer (1929)

auch die jetzt lebenden und die sehr viel zahlreicheren und mannig-
faltigeren ausgestorbenen Reptilien viele gute Beispiele. Typische
Schalenknackgebisse besitzen einige jetztlebende Echsen (s. Abb.
34 u. 35). Die Zähne der jungen Tiere waren noch spitzig. Die gerundete oder abgeflachte Form der Backenzähne ist nun aber nicht

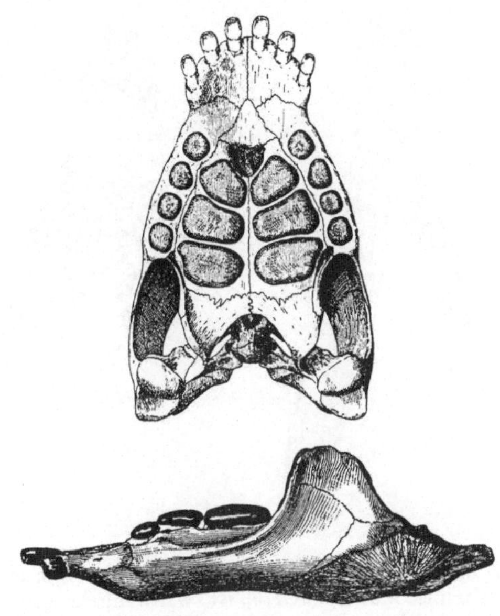

Abb. 36. Placodus, ein Meeresreptil aus dem Erdmittelalter, mit ausgesproche-
nem Schalenknack-Gebiß. Der nach oben gerichtete Fortsatz des Unterkiefers
bildet die Ansatzstelle eines starken Kaumuskels. Nach K. A. v. ZITTEL und
F. BROILI. Ca. $\frac{1}{3}$ nat. Gr.

etwa durch Abnützung hervorgebracht worden, sondern war schon
in der Anlage vorhanden. Fossile Schalenknacker waren die mee-
resbewohnenden sog. Placodontier (Plattenzähner) (s. Abb. 36).
Unter diesen gibt es Formen, die noch zahlreichere, kleinere und
weniger abgeplattete Zähne besitzen, woraus ersichtlich ist, daß
das Placodontiergebiß aus normalen Reptilzahnverhältnissen hervorgegangen sein muß (s. Abb. 37).
Ist die Beute, der ein Reptil nachjagt und die als Ganzes verschluckt werden muß, im Verhältnis zum Jäger sehr groß, so
führte dies, wie z. B. bei den Schlangen, zu einer besonderen

Mundgestaltung, durch welche namentlich bedeutende Dehnbarkeit der an sich weiten Mundöffnung erreicht wird. Hier sei auch die Baumschlange Dasypeltis erwähnt, die sich von Eiern ernährt. Um nichts vom Inhalt zu verlieren, zerbricht sie das Ei erst in der Speiseröhre, indem sie es gegen spitze Fortsätze der Halswirbel

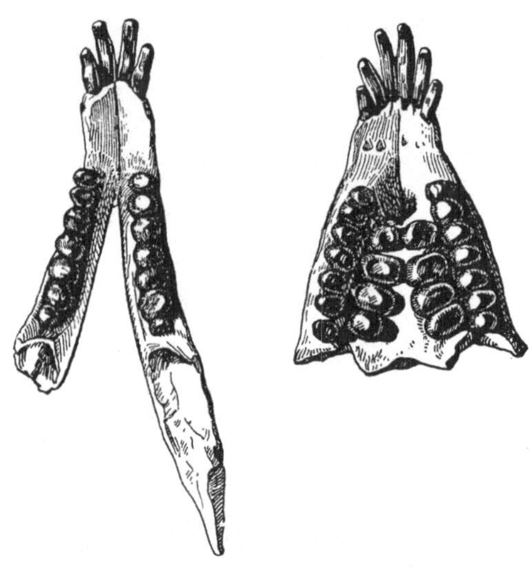

Abb. 37. Ober- und Unterkiefer des mit Placodus (siehe Abb. 36) verwandten Meeresreptiles Paraplacodus. Sein Gebiß ist zwar weitgehend, aber noch nicht in dem Maße wie bei Placodus spezialisiert. Nach B. PEYER (1950). Ca. ½ nat. Gr.

preßt (s. Abb. 38). Sehr große Beutestücke hatten auch die sog. Mosasaurier, räuberische Meeresechsen der Kreide, zu bewältigen. Im Zusammenhang damit hat sich bei ihnen ein Gelenk zwischen dem vorderen und dem hinteren Abschnitt des Unterkiefers ausgebildet (s. Abb. 39).

Die Befestigungsweise der Reptilzähne ist verschieden: Sie können entweder auf der Höhe des Kieferrandes oder an der Innenfläche der Kiefer mit der knöchernen Unterlage durch sog. Befestigungsknochen verbunden sein, der bei jedem Zahnwechsel abgebaut und für den Nachfolger wieder neu errichtet wird; oder die Zähne stecken in mehr oder weniger tiefen Alveolen (s. das Schema Abb. 40).

34

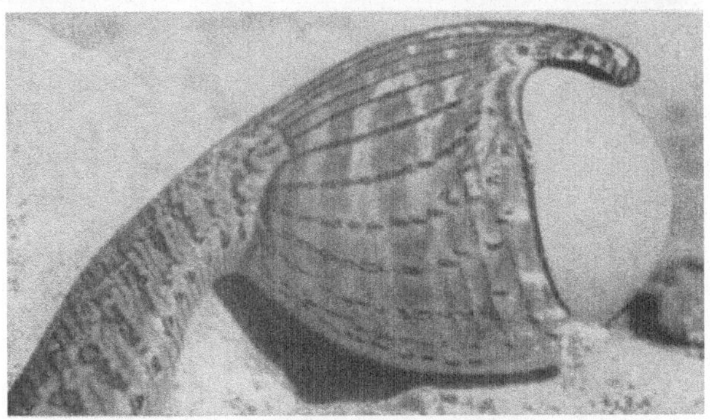
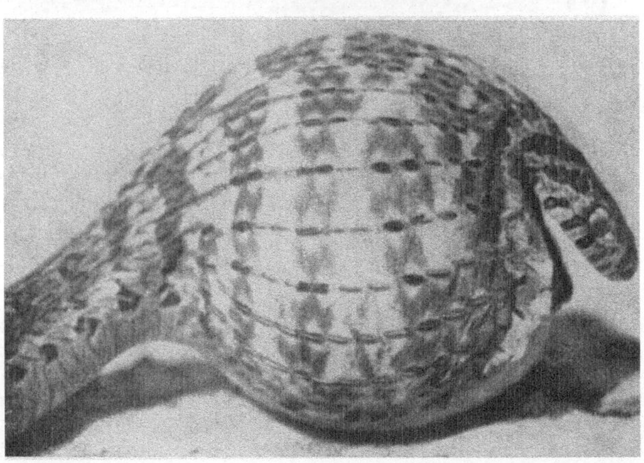

Abb. 38. Dasypeltis, eine von Eiern lebende afrikanische Baumschlange beim Verschlingen eines Hühnereis. Damit nichts vom Inhalt verloren geht, wird das Ei erst in der Speiseröhre zerbrochen, indem es gegen spitze Fortsätze der Halswirbel gepreßt wird. Nach HESSE-DOFLEIN (1943)

Bei den meisten Ichthyosauriern sind jedoch keine einzelnen
Alveolen mehr vorhanden, da durch Schwund der Zwischen-

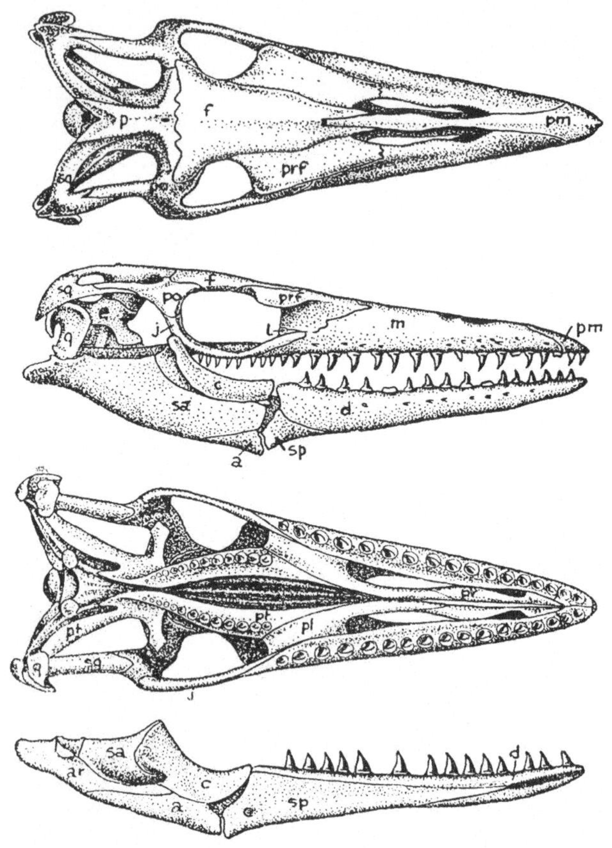

Abb. 39. Schädel und Unterkiefer der fossilen, räuberischen Meeresechse
Clidastes. Vordere und hintere Kieferhälfte beweglich miteinander verbunden,
was ein Verschlingen großer Beutestücke erleichtert. Nach A. S. ROMER (1945).
*d*, *sp*, *a*, *c*, *sa* und *ar:* die einzelnen Verknöcherungen des Unterkiefers. Ca.
$^1/_8$ nat. Gr.

wände durchgehende tiefe Gruben entstanden sind (s. Abb. 41).
Nur bei den geologisch frühesten Ichthyosauriern besitzt noch
jeder Zahn seine eigene Alveole.

Diejenige Befestigungsweise, bei welcher der Zahn mit der schräg gestellten Innenfläche des Kiefers verbunden ist (s. Abb. 40), scheint im Falle der Echse Varanus salvator der starken funktionellen Beanspruchung nicht mehr zu genügen. Dies läßt sich daraus entnehmen, daß sich besondere Einrichtungen ausgebildet haben, durch welche ein Abgleiten des Zahnes verhindert wird, nämlich ungewöhnliche Verbindungen des Zahnbeins der Zahnbasis mit der schräg gestellten Knochenfläche des Kiefers sowie die Errichtung eines den Zahn basal umgebenden Walles von Befestigungsknochen. Der Zahn selber erfuhr durch Dentinfaltung sowie durch Ausbildung eines basalen Abschlusses der Pulpahöhle eine Festigung (s. Abb. 42).

Bei einigen geologisch frühen Reptilien können nahezu alle an die Mundhöhle grenzenden Knochen der Schädelbasis bezahnt sein. Später erfolgte vielfach eine Beschränkung der Bezahnung auf die Kieferränder, doch blieb der Gaumen bei den Echsen und Schlangen bezahnt.

Nur eine Minderheit von Reptilien, von denen später die Rede sein wird, ernährt sich von Pflanzen; alle anderen sind Fleischfresser, ihre Zähne spitz-kegel-förmig, gerade oder gekrümmt, glatt oder gerippt, von kreisrundem Querschnitt oder seitlich komprimiert und mit schneidenden Kanten

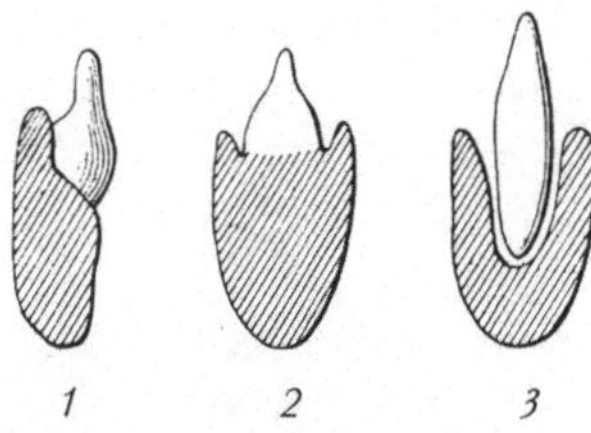



Abb. 40. Querschnitte durch bezahnte Kiefer von Reptilien zur Erläuterung der verschiedenen Befestigungsweise der Zähne; schematisch. 1. pleurodont: der Zahn ist mit der Innenfläche des Kiefers knöchern verbunden; 2. acrodont: der Zahn ist auf dem Kieferrande knöchern befestigt; 3. thecodont: der Zahn sitzt in einer Vertiefung des Knochens. Nach R. WIEDERSHEIM (1909)

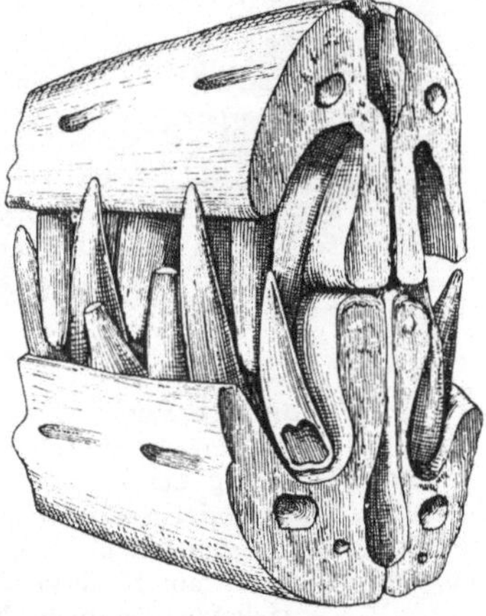

Abb. 41. Schnauzenfragment eines Ichthyosauriers, schräg von hinten-außen gesehen. Die Zähne sitzen nicht in einzelnen Alveolen, sondern in einer durchgehenden Rinne. Nach F. A. QUENSTEDT

versehen, die nicht selten gezähnelt sind. Drei- oder mehrspitzige
Zähne sind nicht häufig.

Eine neuartige Funktion, die zu besonderer Formgestaltung
führte, haben gewisse Zähne bei manchen Schlangen sowie bei

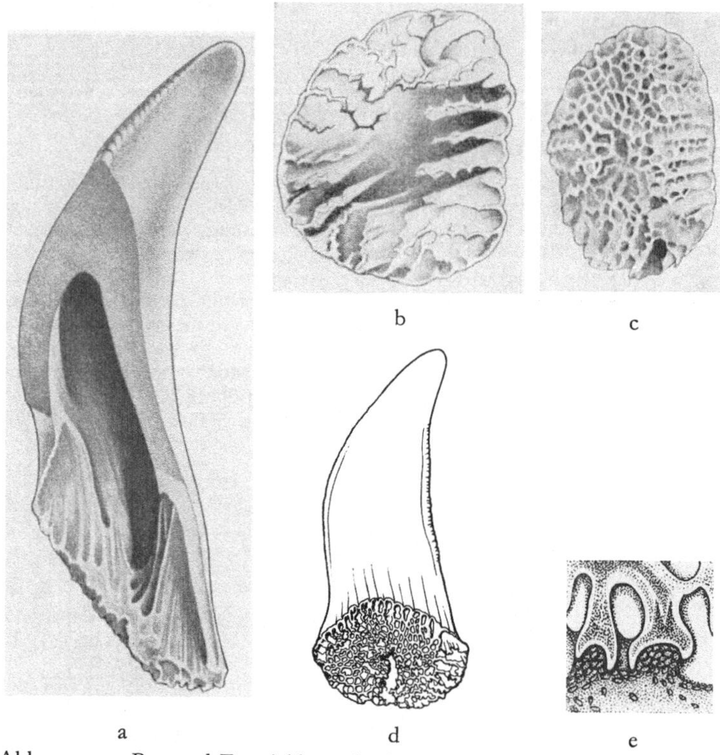

Abb. 42 a—e. Bau und Entwicklung der Zähne der Echse Varanus salvator.
a Pulpahöhle eines eröffneten Zahnes von vorn gesehen. Basal ist die Pulpahöhle durch Faltung des Zahnbeins abgeschlossen; b und c Entwicklung
dieses Abschlusses; d Ersatzzahn von außen gesehen; im Bilde unten die
Siebplatte, welche sich mit der Innenfläche des Kiefers verbindet; e Befestigung der Zahnbasis am Kieferknochen durch Ausbildung klammerartiger
Haltevorrichtungen. Nach PH. BULLET (1942)

der Echse Heloderma zu erfüllen (s. Abb. 43). Diese Zähne wurden zu Instrumenten, die dazu dienen, einem Beutetier eine Wunde
beizubringen und dieser Wunde ein giftiges Sekret so zuzuleiten,
daß es mit Sicherheit in die Blutbahn des Opfers gelangt.

Das erdgeschichtlich erste, mit einer Giftwaffe versehene Tier ist kein Wirbeltier, sondern ein Skorpion aus dem frühen Erdaltertum. Die Ausbildung von Giftzähnen bei Reptilien erfolgte erst sehr viel später, wahrscheinlich nicht vor dem Beginn des Tertiärs, denn die Schlangen sind eine relativ junge Reptilgruppe.

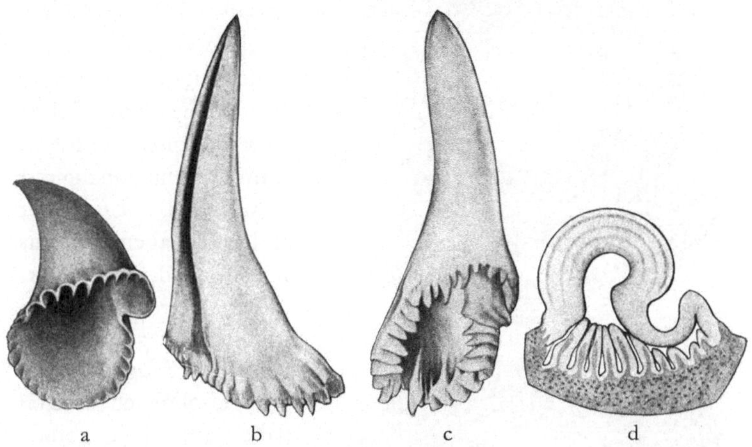

Abb. 43 a—d. Bau und Entwicklung der Giftzähne der Echse Heloderma. a Junger Ersatzzahn, von unten gesehen; b und c nahezu fertig ausgebildeter Ersatzzahn; b Ersatzzahn von außen gesehen, zeigt die Faltung des Zahnbeins der Basis, und c von innen gesehen, zeigt die Giftfurche; d Horizontalschnitt im Gebiet der größten Tiefe der Giftfurche. Nach C. ODERMATT (1940)

Die Giftdrüsen sind aus im Oberkiefer gelegenen Speicheldrüsen hervorgegangen. Ihr Sekret wird entweder durch eine Furche an der Außenseite oder aber durch einen im Innern des Zahnes verlaufenden geschlossenen Kanal in die Wunde des Beutetieres geleitet. Wie die Entwicklungsgeschichte zeigt, ist der geschlossene Kanal aus einer Furche hervorgegangen, wobei die Pulpahöhle zu einem im Querschnitt halbmondförmigen Gebilde zusammengedrängt wurde (s. Abb. 44 u. 45). Über die Reihenfolge des während der warmen Jahreszeit bei den Vipern sehr lebhaften Zahnersatzes orientiert Abb. 45. Von zwei aufeinanderfolgenden Giftzähnen ist jeweils der eine auf dem Kiefer mehr nach außen, der andere mehr nach innen gelegen. Bei den Vipern schaut der Giftzahn in der Ruhelage nach hinten. Mit der Öffnung des Rachens wird er automatisch aufgerichtet (s. Abb. 46).

(N. B. Die Ausdrücke Protero- und Opisthoglyphen (Vorder-
und Hinterzähner) beziehen sich nicht etwa auf die Lage der Gift-
furche, die sich stets an der Vorderseite des Zahnes befindet, sondern darauf, daß im einen Falle vordere, im anderen Falle hintere Zähne einer Längsreihe oberer Zähne zu Giftzähnen wurden.)

Im Zusammenhang mit dem Gebiß seien hier einige Angaben über das Kiefergelenk der Reptilien und über dessen Beziehungen zum Kiefergelenk der Säugetiere eingefügt, obgleich es sich dabei um nicht gerade leichtverständliche theoretische Anschauungen handelt.

Schon vor der zweiten Hälfte des 19. Jahrhunderts gelangte der Anatom C. REICHERT auf Grund der Entwicklungsgeschichte zu der Auffassung, das Kiefergelenk der Reptilien entspreche nicht demjenigen der Säugetiere, sondern dem Gelenk zwischen den beiden, den Reptilien fehlenden und nur bei den Säugetieren vorhandenen Gehörknöchelchen Amboß und Hammer (s.

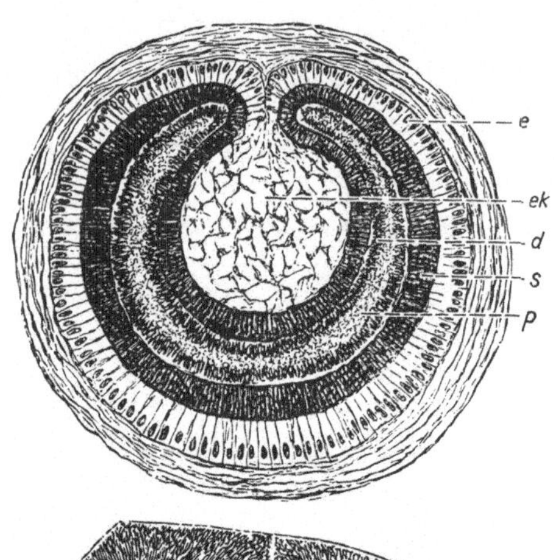


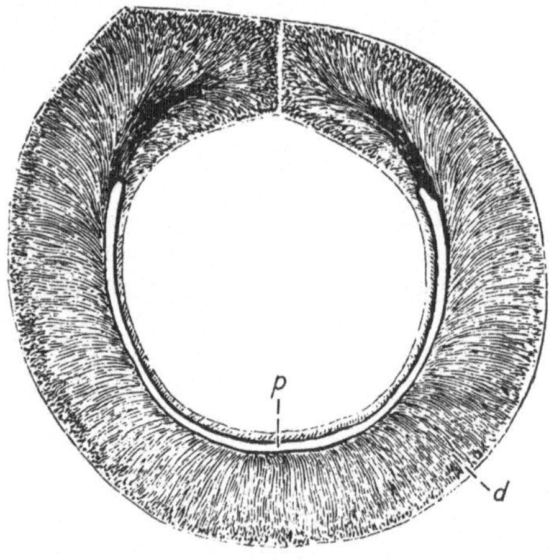


Abb. 44. Querschnitte durch Giftzähne von Schlangen. Oben: Viper-Zahn, vor dem Schluß der Giftfurche zu einer Röhre. Unten: Fertig ausgebildeter Giftzahn der Klapperschlange. Der große zentrale Hohlraum entspricht dem Giftkanal; die Pulpahöhle ist zu einem im Querschnitt halbmondförmigen Gebilde zusammengedrängt. *e* Ameloblastenschicht, *ek* ektodermales Gewebe, das später verschwindet, *d* Dentin, *s* Schmelz, *p* Pulpa. Nach CH. S. TOMES (1923)

Abb. 47). Diese geniale Idee fand vielen Widerspruch. Insbesondere wurde voller Hohn gefragt, wie denn ein Tier während des postulierten Überganges von der einen zur anderen Gelenkungsart überhaupt existiert haben könne. Diese Frage ist aber nunmehr von den Paläontologen in langer, bis in die Gegenwart reichender Arbeit mit Sicherheit beantwortet worden. Es handelt sich dabei im wesentlichen um folgendes:

Der Unterkiefer der Säugetiere besteht nur aus einem einzigen Knochen, der einem bestimmten Knochen des Reptilien-Unterkiefers, dem sog. Dentale, entspricht. Der Unterkiefer der Reptilien dagegen ist aus einer ganzen Anzahl von Knochen zusammengesetzt, von denen die einen, wie das Dentale, sog. Deckknochen darstellen, die aus Hautverknöcherungen hervorgegangen sind, während die anderen als sog. Ersatzknochen zuvor aus Knorpel gebildete Skeletteile ersetzen. Zu diesen letzteren gehört der hinterste Knochen des Reptilien-Unterkiefers, das sog. Articulare, das mit dem Quadratbein des Schädels gelenkt. Der Knorpel, der ihm vorangeht, wird bei den Säugetieren zu einem der Gehörknöchelchen, das als Hammer bezeichnet wird.

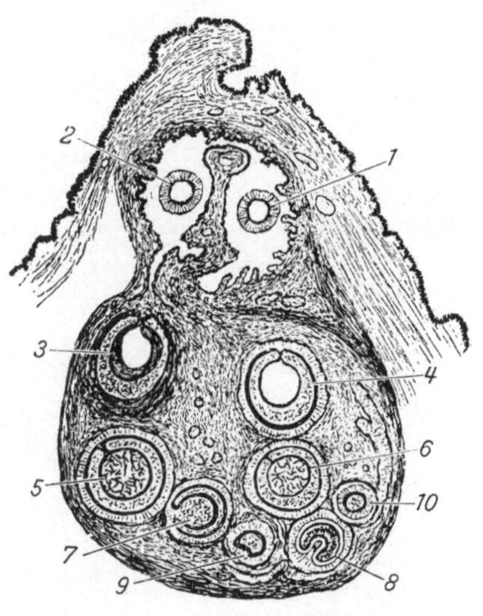

Abb. 45. Partie des Oberkiefers einer Viper im Querschnitt; zeigt die Reihenfolge des Ersatzes der Giftzähne. Querschnitte: 1 durch den in Ruhestellung horizontal nach hinten gerichteten funktionierenden Giftzahn; 2 durch den gleichartig orientierten ersten Ersatzzahn; 3—10 durch die weiteren Ersatzzähne. Diese Querschnitte zeigen auch die Entwicklung des geschlossenen Kanals aus einer oberflächlichen Furche.
Nach CH. S. TOMES (1923)

Als nun während der letzten Jahrzehnte des 19. Jahrhunderts und seither teils in Texas teils in Südafrika eine zuvor unbekannte, den Säugetieren nahestehende Gruppe von Reptilien durch zahl-

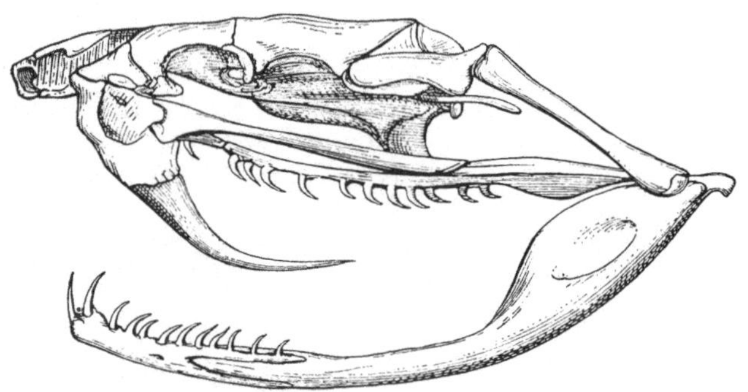

Abb. 46. Schädel der Grubenotter in seitlicher Ansicht. Der in Ruhestellung liegende Giftzahn wird beim Öffnen des Rachens automatisch aufgerichtet. Nach Boas

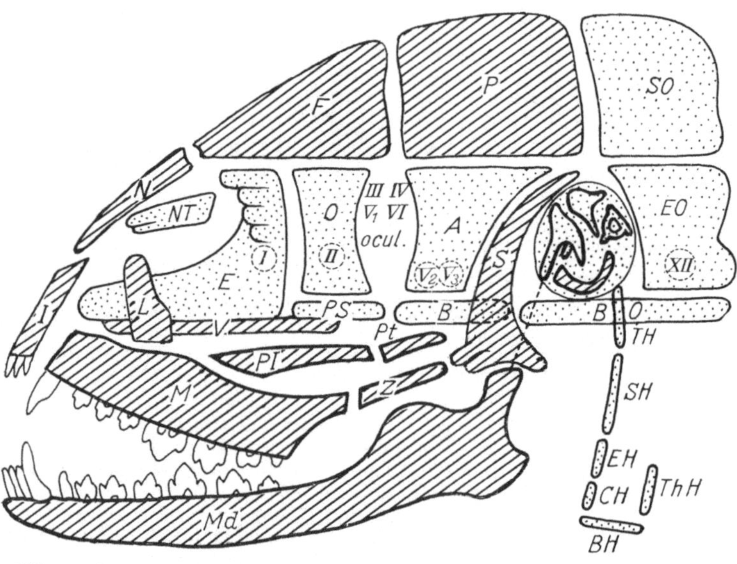

Abb. 47. Schema des Säugetierschädels in seitlicher Ansicht. Schräg schraffiert die sog. Deckknochen, punktiert Knorpel und knorplig vorgebildete Knochen; stärker umrandet die Teile des Kiemenbogenskelettes, namentlich des Kieferbogens und des Zungenbeinbogens; I—XII Austrittsstellen der Gehirnnerven. Das kreisrund dargestellte Felsenbein umgibt die drei Gehörknöchelchen; im Bilde zu oberst den Amboß, links davor den Hammer, im Bilde rechts den mit einer Durchbohrung versehenen Steigbügel. Die gestrichelte Verbindungslinie vom Hammer zum Unterkiefer entspricht einer nur während der Entwicklung bestehenden knorpligen Verbindung. Das Kiefergelenk der Reptilien entspricht dem Gelenk zwischen Amboß und Hammer. Nach M. Weber und B. Peyer

reiche Funde genauer bekannt wurde, stellte es sich heraus, daß
bei diesen die hinteren Knochen des Unterkiefers im Verhältnis
zu dem vorn gelegenen Dentale relativ um so kleiner werden, je
jüngeren Schichten sie angehören. Auch das sog. Quadratbein
des Schädels wurde von dieser Abnahme der relativen Größe mit-
betroffen, während ein anderer Knochen der Schläfengegend, das
sog. Squamosum, eine relativ stattliche Größe beibehielt. Auf der
linken und auf der rechten Schädelseite gelangten nun das Dentale
und das Squamosum zur Berührung, und es bildete sich zwischen
ihnen ein Gelenk aus. Dieses neue Gelenk konnte das frühere Gelenk deswegen ganz allmählich ersetzen, weil es sich um die gleiche,
senkrecht zur Längsrichtung des Schädels verlaufende Achse
bewegt, wie das frühere Gelenk. Es liegt lediglich etwas mehr
seitlich, d. h. etwas weiter von der Mittelebene entfernt. In neue-
ster Zeit sind nun in England wie auch in Südafrika Funde ge-
macht worden, von denen angenommen werden muß, daß sie
noch beide Gelenkungen nebeneinander aufweisen. Darnach wird
vermutet, daß es wohl Jahrmillionen dauerte, bis sich die beiden
knöchernen Bestandteile des Kiefergelenkes der Reptilien bei den
Säugetieren im Dienst der Schalleitung zu Gehörknöchelchen
umgewandelt hatten.

## 6. Von der einstigen Bezahnung der Vögel

Der früheste fossile Vogel ist der berühmte Urvogel Archaeopteryx aus dem lithographischen Schiefer der Gegend von Soln-
hofen in Bayern, deren geologisches Alter dem Ende der Juraperiode entspricht. Von den modernen Vögeln unterscheidet sich

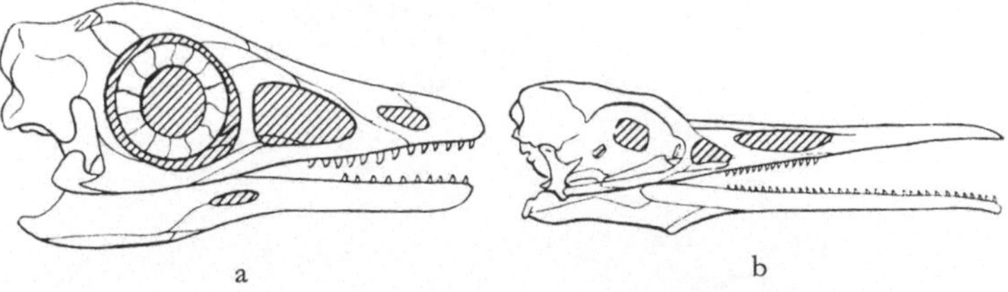


Abb. 48 a u. b. Schädel fossiler bezahnter Vögel in seitlicher Ansicht. a Schädel
des Urvogels Archaeopteryx aus dem lithographischen Schiefer von Soln-
hofen. b Hesperornis, ein flugunfähig gewordener Vogel aus der oberen Kreide
Nordamerikas. Nach R. A. Stirton (1959)

Archaeopteryx nicht nur durch einen langen, zweizeilig befiederten Schwanz, sondern auch durch weitere Merkmale, die auf Verwandtschaft mit einer bestimmten Reptilgruppe hinweisen, insbesondere auch durch Bezahnung der Kiefer (s. Abb. 48). Die spitzkegelförmigen Zähne stecken in Alveolen. Obwohl die Sonderung der Vögel in die verschiedenen Unterabteilungen sich zweifellos zur Hauptsache während der Kreidezeit vollzogen haben muß, sind bisher aus dieser Periode der Erdgeschichte nur sehr wenig Fossilfunde von Vögeln bekannt geworden. Von den noch an Reptilien erinnernden Merkmalen des Archaeopteryx-

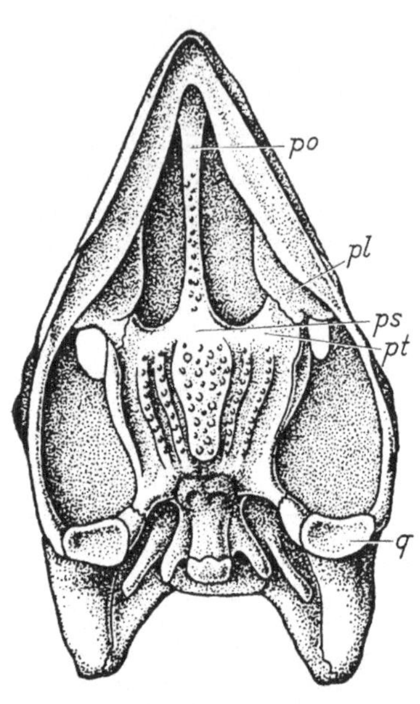

Abb. 49. Schädel der fossilen Schildkröte Triassochelys. Ansicht des zahntragenden Gaumens. Nach A. S. ROMER (1945). *q* Quadratbein, *pl* Gaumenbein, *po* Pflugscharbein, *pt* Flügelbein, *ps* Parasphenoid

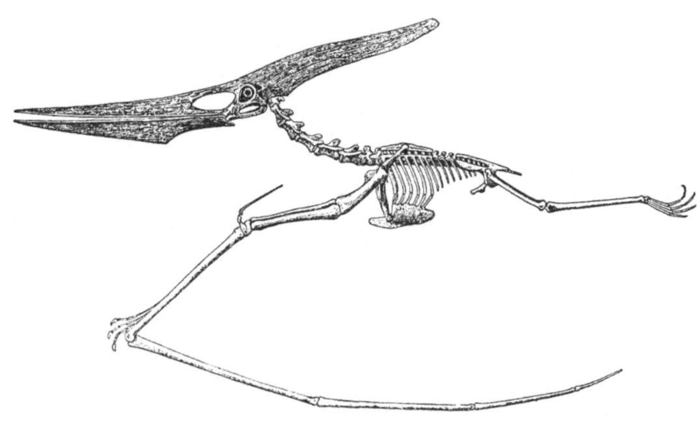

Abb. 50. Pteranodon, einer der letzten Flugsaurier, ist im Gegensatz zu den bezahnten älteren Formen zahnlos geworden. Nach K. A. v. ZITTEL

44

Skelettes hat sich bei Kreidevögeln, zum mindesten sicher bei der Gattung Hesperornis (s. Abb. 48) die Bezahnung der Kiefer erhalten. Bei allen jetzt lebenden Vögeln sind Ober- und Unterkiefer zahnlos und von einer Hornscheide bedeckt. Daß der Zahnlosigkeit der modernen Vögel stammesgeschichtlich bezahnte Kiefer vorangehen, bedeutet keinen Ausnahmefall. Vielmehr stellte sich heraus, daß bei den Wirbeltieren, abgesehen von den allerniedersten Formen, Zahnlosigkeit stets eine sekundäre Erscheinung darstellt. So besaßen z. B. die frühesten Schildkröten noch eine Gaumenbezahnung (s. Abb. 49) und in manchen Gruppen ausgestorbener Wirbeltiere stellten sich zahnlose Formen erst gegen Ende der stammesgeschichtlichen Entwicklung ein, wie z. B. unter den Flugsauriern bei Pteranodon (s. Abb. 50).

## 7. Von den Zähnen der Säugetiere

Im Gebiß der Säugetiere werden verschiedene Sorten von Zähnen unterschieden, nämlich Schneidezähne (Incisiven), Eckzähne (Canini) (so benannt nach ihrer charakteristischen Ausbildung beim Haushund, dem Canis familiaris) und hinter dem Eckzahn gelegene (postcanine) Zähne, die Backenzähne, von denen die vorderen als Prämolaren (vordere Backenzähne), die hinteren als Molaren (Mahlzähne, echte Backenzähne) unterschieden werden. Aber leider werden diese Bezeichnungen nicht allgemein im gleichen Sinne gebraucht, sondern die einen erachten die Funktion als das für die Unterscheidung geeignetste Kriterium, während andere die Stellung im Gebiß für bedeutsamer halten. In neuerer Zeit ist man jedoch ziemlich allgemein davon abgekommen, für die Bezeichnung auf die Funktion abzustellen. So werden z. B. als Schneidezähne eines Säugetieres nicht diejenigen Zähne bezeichnet, die eine Schneidefunktion ausüben, sondern diejenigen Zähne, die in der oberen Gebißpartie jederseits im sog. Zwischenkieferbein, dem Os praemaxillare oder Os intermaxillare, gelegen sind, sowie natürlich auch die ihnen in der unteren Gebißpartie entsprechenden Zähne, die sich dadurch abgrenzen lassen, daß der untere Eckzahn (Caninus) in der Regel vor dem oberen eingreift. Dementsprechend werden beim Rind oder irgend einem anderen Wiederkäuer exakterweise die vier jederseits vorn im Unterkiefer befindlichen Zähne (s. Abb. 51) trotz ihrer Funktion und ihrer

Schneidezahnform meist nicht mehr alle als Schneidezähne bezeichnet, sondern nur die drei inneren, der äußere dagegen als Eckzahn. Der mächtige Stoßzahn eines Elefanten, den Goethe noch als Eckzahn auffaßte, ist ferner beispielsweise seiner Stellung im Gebiß nach ein Schneidezahn; denn er liegt im Praemaxillare (s. Abb. 93). Form und Funktion eines Eckzahnes können (zwar allerdings nur in seltenen Fällen) sogar von einem Prämolaren

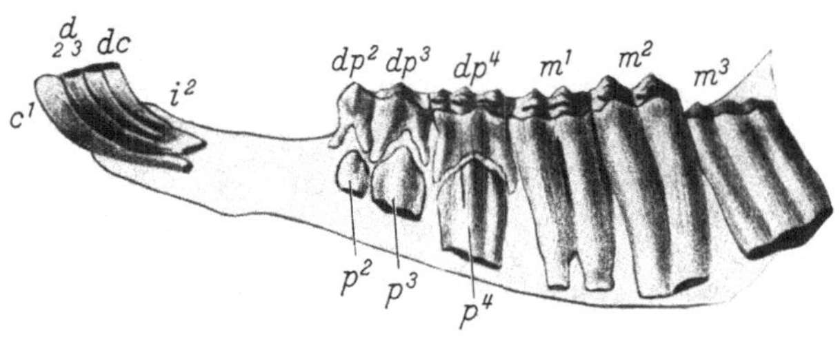


Abb. 51. Zahnwechsel im Unterkiefer eines 20 Monate alten Schafes. Der lückenlos an die Milchschneidezähne anschließende Milcheckzahn ist schneidezahnförmig. Nach R. Owen. *c* 1 1. Schneidezahn, *d* 2, 3 Milchschneidezähne, *dc* Milcheckzahn, *dp* 2—4 Milchprämolaren, *p* 2—4 Prämolaren, *m* 1—3 Molaren

übernommen werden. Wie beim Menschen, sind die Prämolaren meist einfacher geformt als die Molaren. Sie können aber, wie z. B. beim Pferde, Molarenform annehmen (s. Abb. 72). Ausschlaggebend für die Definition ist der Umstand, daß, abgesehen von sehr seltenen Ausnahmen, den Prämolaren eine Milchzahngeneration vorangeht, den Molaren dagegen nicht.

Während beim Haifisch ein unbegrenzter Zahnersatz das ganze Leben hindurch andauert und auch Reptilien noch eine stattliche Zahl von Ersatzzahngenerationen besitzen, sind beim Säugetier nurmehr zwei Zahngenerationen vorhanden, ein Milchgebiß (die sog. lakteale Dentition) und ein Dauergebiß (die sog. permanente Dentition). Selbst von diesen beiden Generationen kann die eine so rückgebildet sein, daß sie nicht mehr funktioniert (s. Abb. 52). Ob außerdem Überreste weiterer Zahngenerationen in Form von ersten Anlagen von Zähnen — einer dem Milchgebiß vorangehenden sog. prälaktealen und einer auf das Dauergebiß folgenden sog. postpermanenten Dentition — vorhanden sind, ist umstritten, weil die betreffenden Bildungen verschieden gedeutet werden.

46

Die komplizierte Form mancher Backenzähne, z. B. der Elefantenmolaren, stellte die Morphologen vor die Frage, ob solche Zähne und ob die Säugetierzähne überhaupt einheitlicher Natur seien oder ob sie, wie in der sog. Konkreszenztheorie angenommen wird, aus einer Verschmelzung von einfachen Zähnen hervorgegangen seien. Diese Theorie wurde von dem holländischen Forscher L. BOLK zur sog. Konzentrationstheorie umgebildet. Er

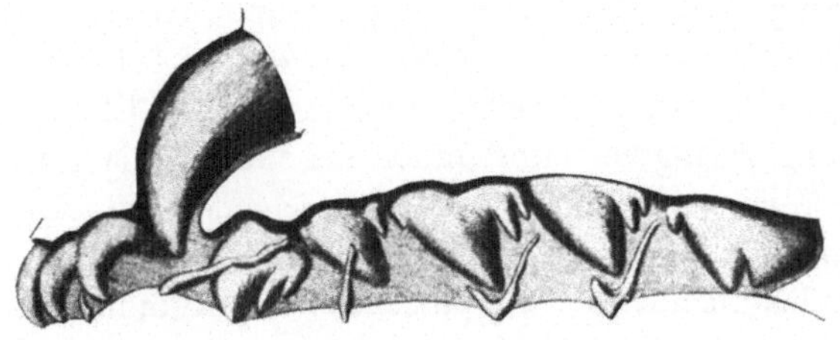

Abb. 52. Obere Gebißpartie einer neugeborenen Robbe mit reduzierter Milchzahngeneration. Nach M. WEBER (1928)

nahm an, alle diejenigen Zahnanlagen, aus denen z. B. bei Haifischen ein funktionierender Zahn und eine ganze, nach innen sich anschließende Querreihe von Ersatzzähnen hervorgehen (vgl. S. 11 u. 14), hätten sich bei den Säugetieren auf die Bildung eines einzigen Zahnes konzentriert. Als Produkte dieser Konzentration seien in den einen Querreihen Milchzähne, in den anderen Querreihen dagegen Zähne des Dauergebisses entstanden. Demnach sei der Zahnwechsel bei den Säugetieren ein prinzipiell anderer Vorgang als bei den anderen Wirbeltieren. Diese Theorie ist meines Erachtens mit aller Entschiedenheit abzulehnen, weil ihr die Ergebnisse der Paläontologie durchaus widersprechen, weil die zu ihren Gunsten angeführten entwicklungsgeschichtlichen Argumente teils sicher widerlegt, teils umstritten sind und weil bei dem Vergleich mit dem Zahnwechsel der Haifische eine wesentliche Tatsache übersehen wurde.

Die der Konkreszenztheorie entgegengesetzte sog. Differenzierungstheorie wird namentlich von Paläontologen vertreten. Sie nimmt an, selbst die kompliziertesten Säugetierzähne seien aus einheitlichen Anlagen hervorgegangen. Das zugunsten dieser Theorie sprechende paläontologische Tatsachenmaterial hat im Lauf der Jahre eine gewaltige Vermehrung erfahren. Allerdings wurden damit gegenüber der ursprünglichen Fassung der Theorie einige Änderungen notwendig. Dabei wurden jedoch die zur Benennung der Zahnformen geschaffenen Bezeichnungen, die rasch weite Verbreitung gefunden hatten, unverändert beibehalten — ohne Rücksicht darauf, ob der ursprüngliche Wortsinn der einzelnen Namen noch zutraf oder nicht.

Wie bereits erwähnt, entfaltete sich im Perm und in der Trias die den Säugetieren nahestehende Reptilgruppe der sog. Synapsiden zu großem Formenreichtum, wobei sowohl im Schädel als auch im übrigen Skelett zahlreiche säugetierähnliche Charaktere zur Ausbildung gelangten. Hinsichtlich des Gebisses läßt sich dabei verfolgen, wie eine spezielle Säugetiereigenschaft, nämlich die Sonderung der Zähne in Schneidezähne, Eckzähne und Backenzähne, sich allmählich schärfer abzuzeichnen beginnt. Diese Differenzierung nimmt ihren Anfang mit dem Auftreten von Zähnen, die nach Funktion, Form und Lage im Gebiß schon den Eindruck von Eckzähnen machen. Was vor ihnen lag, entwickelte sich zu Schneidezähnen, was hinter ihnen lag, zu Backenzähnen. Eine Unterscheidung dieser Backenzähne in Prämolaren und Molaren ist an frühen Fossilfunden meist nicht mit Sicherheit durchführbar. Mit der erwähnten Sonderung gewinnt auch die Anzahl der Zähne der einzelnen Zahnkategorien in der Gruppe der säugetierähnlichen Reptilien eine gewisse Bedeutung, die sich dann bei den Säugetieren wesentlich erhöht. Es darf jedoch in diesem Zusammenhang nicht unerwähnt bleiben, daß Zahnzahlen von beträchtlicher Konstanz auch in anderen Gruppen vorkommen, so z. B. bei vielen Haifischen.

Für die Säugetiere sind zur kurzen Angabe der Zahnanzahl Formeln in Gebrauch, in denen entsprechend der symmetrischen Ausbildung des Gebisses nur die Zähne der einen Seite des Schädels aufgeführt werden, und zwar über einem Bruchstrich die Oberkieferzähne, unter dem Bruchstrich die Zähne des Unterkiefers. Die abgekürzten Bezeichnungen I (Incisiven), C (Canini), P (Prämolaren) und M (Molaren) werden dabei oft weggelassen. Die das Milchgebiß betreffenden Zahlen können entweder unmittelbar über und unter dem Bruchstrich oder aber über und unter den Zahlen des Dauergebisses geschrieben werden. Die abgekürzten Bezeichnungen der Milchzähne werden oft mit kleinen Buchstaben

geschrieben oder es wird ihnen ein d (= deciduus, hinfällig) vor-
angestellt.

Nun sind zwei verschiedene Arten von Zahnformeln in Gebrauch. In der einen wird einfach angegeben, wie viele Zähne
jeder Kategorie in einem Gebiß vorhanden sind, z. B. $\frac{2\ 1\ 2\ 3}{2\ 1\ 2\ 3}$
bei einem altweltlichen Affen. In der zweiten Art von Formeln
werden die Zähne jeder Zahnkategorie numeriert. Diese Schreibweise nötigt zu einer über die unmittelbare Feststellung hinaus-
gehenden und deshalb etwas hypothetischen Stellungnahme. Es
wird nämlich davon ausgegangen, daß die frühen plazentalen
Säugetiere, soweit bekannt, alle oben und unten in jeder Kieferhälfte je drei Schneidezähne, einen Eckzahn, vier Prämolaren und
drei Molaren besaßen; und weiterhin wird angenommen, die in
der Regel kleineren Zahnzahlen der jetztlebenden plazentalen
Säugetiere seien durch Reduktion aus der vollständigeren Formel
hervorgegangen. Auf Grund dieser Annahme lautet die Formel
für unser Beispiel, das Gebiß eines altweltlichen Affen

$$1.\ 2.\ 0.\ 1.\quad 0.\ 0.\ 3.\ 4.\quad 1.\ 2.\ 3.$$
$$1.\ 2.\ 0.\ 1.\quad 0.\ 0.\ 3.\ 4.\quad 1.\ 2.\ 3.$$

Die Ordnungszahlen verwendende Schreibweise bringt zum Ausdruck, von welchen Zähnen der ursprünglichen Formel angenommen wird, sie seien verlorengegangen. Solche Formeln werden
in den Lehr- und Handbüchern der Säugetierkunde vielfach verwendet, weil die scheinbar trockenen Ziffern dem Kundigen in
aller Kürze ein Stück Geschichte erzählen.

Während die Prämolaren und Molaren fast allgemein in der
Reihenfolge von vorn nach hinten aufgezählt werden, ziehen nun
die Veterinäranatomen und vereinzelte Paläontologen aus gewissen Gründen vor, mit der Numerierung der Prämolaren hinten zu
beginnen, so daß der vorderste Prämolar die höchste Nummer
erhält. Es wäre aber zu begrüßen, wenn dieser Brauch, der zu
Mißverständnissen führen kann, mit der Zeit aufgegeben würde.

Die während langer Zeit überaus dürftige Kenntnis der Frühgeschichte der Säugetiere hat während der letzten Jahrzehnte durch
Fossilfunde einigen Zuwachs erfahren. Hinsichtlich des Gebisses
stellte sich heraus, daß durchaus säugetierartige Zahnformen schon
innerhalb der bereits erwähnten Gruppe von den Säugetieren

nahestehenden Reptilien auftraten. Einige Gattungen, die, solange man von ihnen nur einzelne Zähne oder dürftige Gebißreste kannte, zu den Säugetieren gerechnet worden waren, erwiesen sich auf Grund vollständigerer Funde als zu den Reptilien gehörig.

Unzweifelhafte Säugetiere reichen bis ins sog. Rhät zurück, d. h. bis in die Zeit des Überganges von der Trias- zur Juraperiode, und vielleicht darüber hinaus noch etwas in die oberste Trias hinein.

Zu diesen frühen Formen gehören sog. Triconodonten (s. Abb. 53) und Symmetrodonten (s. Abb. 54). Von solchen wurde vor einigen Jahren in England sehr reiches Material aufgefunden. Da jedoch hierüber noch keine abschließenden Untersuchungen vorliegen und da die Kenntnis dieser frühen Formen noch in voller Entwicklung begriffen ist, sei hier nicht näher darauf eingegangen. Auch der englische Jura

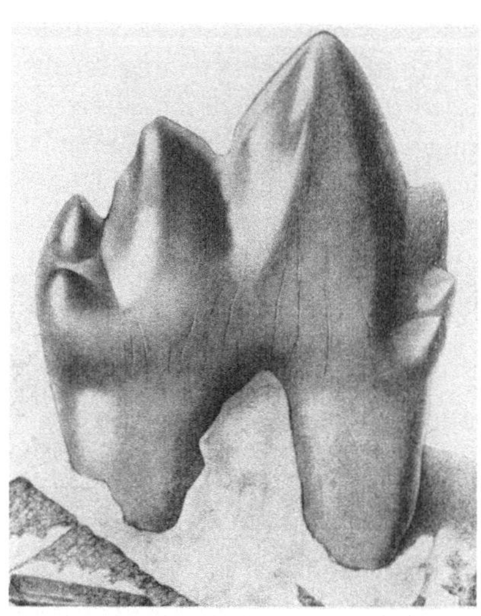

Abb. 53. Unterer Backenzahn eines Triconodonten aus dem Rhät von Hallau in Außenansicht. Nach B. Peyer (1956). 24mal nat. Gr.

hat Funde von fossilen Säugetieren geliefert, nämlich kleine Unterkiefer verschiedener Gattungen aus dem Dogger sowie Zahnfunde aus den sog. Purbeckschichten des obersten Juras. Ungefähr gleiches Alter besitzen kleine Säugetierreste, welche bemerkenswerterweise erstmalig schon gegen Ende der Siebzigerjahre durch Fossiliensammler des amerikanischen Paläontologen O. Marsh während der Bergung riesiger Dinosaurierknochen in Wyoming aufgefunden wurden.

Aus dem größten Teil der Kreideperiode, das will besagen aus einem Zeitraum von mehr als vierzig Millionen Jahren, kannte man bis vor kurzem überhaupt keine fossilen Säugetiere; solche fanden sich erst wieder in der obersten Kreide. Deshalb war es bisher auch nicht möglich, die Gebißverhältnisse der niedrigst organisierten jetztlebenden Säugetiere, der eierlegenden Kloakentiere oder Monotremen und der Beuteltiere oder Marsupialier in zwingender Weise auf Zahnformen der ältesten bekannten Säugetiere zurückzuführen.

Unter den Monotremen ist Echidna, der sog. Ameisenigel, abgesehen von einem zum Aufschlitzen der Eischale dienenden

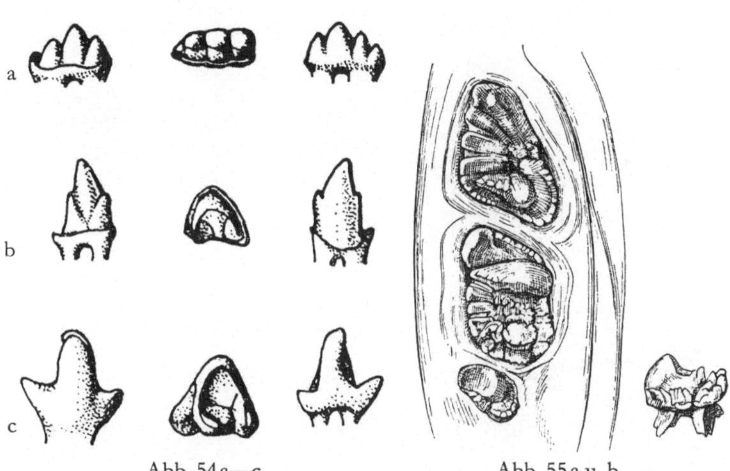


Abb. 54a—c. Untere linke Backenzähne früher Säugetiere des Erdmittelalters in Innenansicht (links), Kronenansicht (Mitte) und Außenansicht (rechts). a Priacodon (triconodont); b Spalacotherium (symmetrodont); c Dryolestes (tribosphenisch, tuberkulosektorial). Nach G. G. Simpson aus A. S. Romer (1945)

Abb. 55a u. b. Bezahnung eines jungen Schnabeltieres (Ornithorhynchus) von 316 mm Länge. a Unterkiefer, b zweiter Zahn des Oberkiefers von hinten. Nach Stewart aus M. Weber (1928)

Eizahn, völlig zahnlos, während das Schnabeltier, wenigstens bis es ein Drittel seiner Größe erreicht hat, Backenzähne besitzt (s. Abb. 55). Versuche, diese Zähne mit solchen von jetzt lebenden oder fossilen Beuteltieren zu homologisieren, blieben erfolglos.

Die Beuteltiere, die heute auf die australische Region, auf Südamerika und Teile von Nordamerika beschränkt sind, besaßen früher eine weitere Verbreitung. Schon Georges Cuvier konnte aus dem eozänen Gips des Montmartre zu Paris eine „sarigue fossile", ein fossiles Opossum, nachweisen. Das Gebiß der Beuteltiere ist in mehrfacher Hinsicht von Interesse; denn bei diesen wird immer nur ein Prämolar gewechselt (s. Abb. 56), und im Prämaxillare können bis fünf Schneidezähne vorhanden sein.

Die Nahrung der Beuteltiere ist dabei außerordentlich verschieden. Wir finden unter ihnen Pflanzenfresser, Fleischfresser und Kleintierfresser nach Art unserer sog. Insektivoren, ferner einen

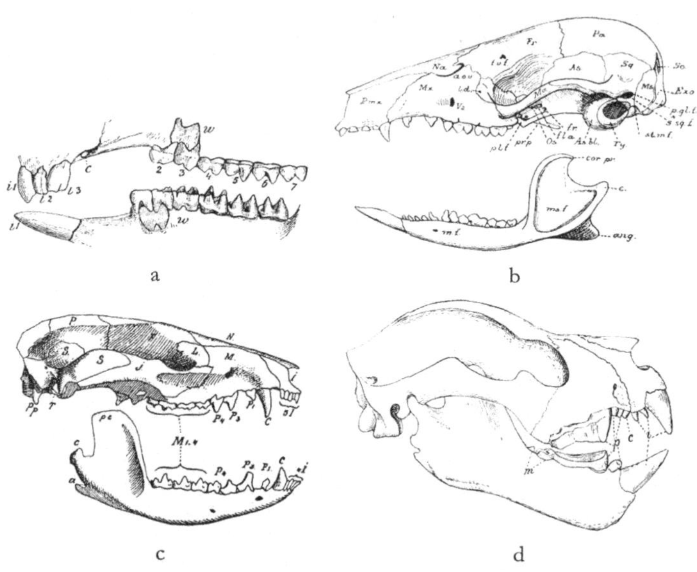

Abb. 56a—d. Gebisse von Beuteltieren. a Halmaturus ualabatus; es wird nur ein Backenzahn gewechselt; b Caenolestes; c Opossum, Didelphis; d Thylacoleo carnifex (fossil). Nach M. WEBER (1928)

eigentlichen Ameisenfresser und eine sich von Blütennektar und von Insekten ernährende Form. Von einer ausgestorbenen Gattung aus dem Quartär, dem sog. Beutellöwen, Thylacoleo carnifex, wird heute entgegen dieser Benennung angenommen, daß er sich von unterirdischen Pflanzenteilen ernährte. Bei all dieser Mannigfaltigkeit bewahrte aber das Gebiß in seinen Grundzügen die für Beuteltiere charakteristischen Eigenschaften.

Zu den sog. Insektenfressern oder Insektivoren gehören als einheimische Vertreter Spitzmaus (s. Abb. 57), Maulwurf und

Igel. Dazu kommen asiatische Igel ohne Stachelkleid. Die Insel Madagaskar beherbergt eine ganze Anzahl von altertümlichen Insektivorengattungen, Südafrika den Goldmull und Cuba die Gattung Solenodon.

Der Bau des Gebisses ist sehr ursprünglich. Dies steht im Einklang mit dem hohen geologischen Alter der Insektivoren, denn die Ordnung ist schon in der Kreide der Mongolei durch sichere Vertreter nachgewiesen. Diesen stehen die tief ins Erdmittelalter zurückreichenden Pantotherien oder Trituberculaten nahe, aus denen alle späteren plazentalen Säugetiere hervorgingen.

Von den Insektivoren unterscheiden sich die Fledermäuse oder Chiropteren fast nur durch das

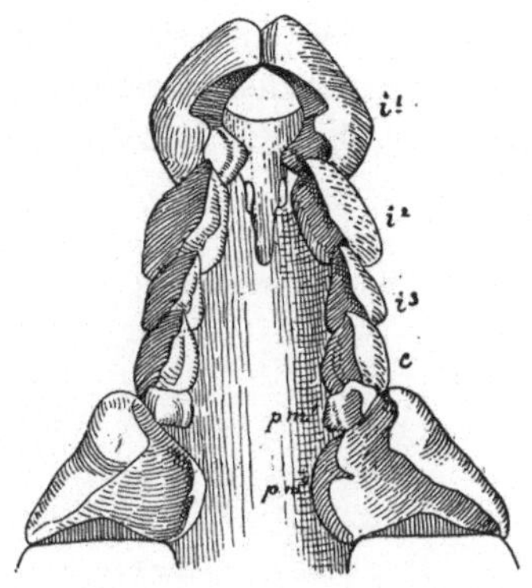

Abb. 57. Vordere obere Gebißpartie der Spitzmaus Crocidura. Das vorderste Paar der Schneidezähne vergrößert. Nach M. WEBER (1928). *i* Schneidezähne, *c* Eckzahn, $p^m$ Prämolaren

Flugvermögen und die damit zusammenhängenden Anpassungen. Die Großfledermäuse oder Megachiropteren, die sog. fliegenden Hunde, sind Früchtefresser, deren Molaren gerundete Formen aufweisen. Die Kleinfledermäuse oder Microchiropteren dagegen sind fast alle Insektenfresser mit spitzhöckerigen Molaren.

Manche tropischen Fledermäuse gelten als Blutsauger. Ein solcher Verdacht ist jedoch nur dann gerechtfertigt, wenn das Gebiß entsprechend gebaut ist. Dies ist bei der südamerikanischen Gattung Desmodus der Fall, bei welcher ein Schneidezahn und der Eckzahn

Abb. 58. Rechte obere Gebißhälfte der blutsaugenden Fledermaus Desmodus rufus. Nach R. R. GRASSÉ (1955)

zu scharfen Schneideinstrumenten geworden sind (s. Abb. 58). Die Milchzähne mancher Fledermäuse haben sich zu Haken entwickelt, die dem Jungen dazu dienen, sich während des Fluges im Pelz der Mutter festzuhalten (s. Abb. 59).

Nicht mit den Fledermäusen verwandt ist der im südöstlichen Asien verbreitete Pelzflatterer Cynocephalus (Galeopithecus), der mittelst einer Flughaut Gleitflüge von Baum zu Baum ausführen kann. In seinem Gebiß sind die unteren Schneidezähne in kammartige Zacken ausgezogen, die zum Reinigen des Pelzes dienen sollen.

An die Insektivoren werden auf Grund der Gebißverhältnisse und von Übereinstimmungen in weiteren Organisationszügen die niedersten Vertreter der Herrentiere oder Primaten angeschlossen. Die Abgrenzung ist unscharf, denn die Familie der Tupajiden, die früher zu den Insektivoren gestellt worden war, wird z. B. heute meist bei den Primaten untergebracht. Es ist deshalb nicht verwunderlich, daß manche erst unvollständig bekannte Formen aus dem Alttertiär bald der einen, bald der anderen Ordnung zugeteilt werden.

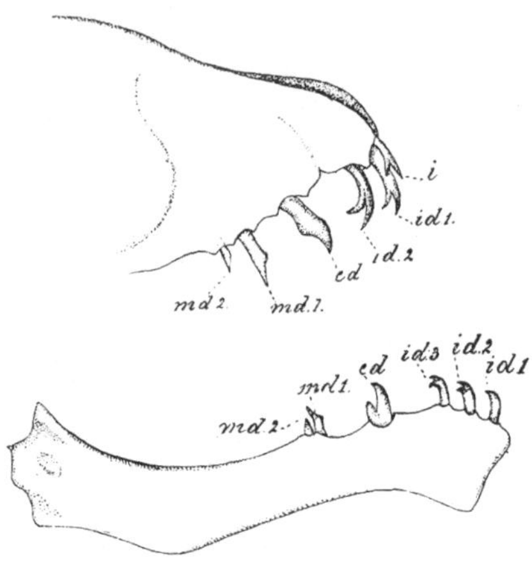


Abb. 59. Milchzähne der Fledermaus Pipistrellus; dienen dem Jungen zum Festhalten im Pelz der Mutter während des Fluges. Nach M. WEBER (1928). *id* Milchschneidezähne, *cd* Milcheckzahn, *md* Milchprämolaren

Von den drei Unterabteilungen der Primaten leben heute die meisten der sog. Halbaffen oder Lemuroidea auf Madagaskar, andere in Afrika. Einige weitere Gattungen sind in Südindien, Ceylon, Sumatra und Java verbreitet. Die zweite Unterabteilung, diejenige der Tarsioidea, ist heute nur noch durch den Koboldmaki Tarsius vertreten. Im Alttertiär existierten zahlreiche verwandte Formen, die namentlich durch Funde aus Nordamerika bekannt geworden sind. Zur dritten Abteilung, den Anthropoidea, gehören die Affen der neuen und der alten Welt. Von den Neuweltaffen besitzen die Cebiden drei Prämolaren und drei Molaren, die Hapaliden zwar ebenfalls drei Prämolaren, aber nur zwei Molaren, während im Gebiß der Altweltaffen wie beim Menschen stets zwei Prämolaren und drei Molaren vorhanden sind. Zu keiner Zeit existierten Neuweltaffen außerhalb des amerikanischen Gebietes. Es wird angenommen, daß sie, wahrscheinlich im Paleozän, aus primitiven nordamerikanischen Primaten hervorgingen.

Unter den Affen der alten Welt ist die Gruppe der Cercopitheciden sehr formenreich, während die menschenähnlichen Affen, die Pongiden (Simiiden), nur wenige Gattungen und Arten umfassen, nämlich die im südöstlichen Asien und auf den großen Sunda-Inseln verbreiteten Gibbons, den auf Borneo und Sumatra beschränkten Orang-Utan sowie in Afrika den Gorilla und den Schimpansen.

Funde von fossilen Affen erweckten seit langem allgemeines Interesse, vor allem solche aus der Gruppe der menschenähnlichen Primaten und insbesondere Formen, für die schon eine Zugehörigkeit zu den Hominiden in Frage kam. Trotz eifrigen Suchens blieb jedoch die Ausbeute während langer Jahre bescheiden. Erst in neuerer Zeit haben sich die Funde beträchtlich gemehrt. Die geologisch frühesten Funde von Altweltaffen stammen aus dem Oligozän Ägyptens. Man kennt von ihnen nur die Unterkiefer. Eine der beiden Gattungen, Propliopithecus, wird schon zu den menschenähnlichen Affen gerechnet. Im europäischen Miocän ist Pliopithecus, eine gibbonartige Form, zwar nicht selten, aber nur durch dürftige Reste vertreten. Ein vollständiges Skelett von Oreopithecus entdeckte J. Hürzeler im Pliocän der Toscana. Die systematische Stellung dieser Gattung ist noch umstritten.

Von dem durch den holländischen Militärarzt E. Dubois auf Java entdeckten Pithecanthropus konnte G. H. R. von Königswald weiteres Material beibringen. Mit Pithecanthropus generisch übereinstimmend ist Sinanthropus, von dem durch große Grabungen in der Nähe von Peking reiche Funde gewonnen wurden. Pithecanthropus und Sinanthropus werden heute schon in die Gattung Homo einbezogen. Sehr nahe stehen dem Menschen auch südafrikanische Funde, von denen Australopithecus am bedeutendsten ist. Sodann sind seit langem Funde bekannt geworden, die zwar in die Gattung Homo, aber nicht zur Art H. sapiens gestellt werden können.

Die Gebißentwicklung der Primaten führte zu keinen weitgehenden Differenzierungen. Auf Einzelheiten kann hier nicht eingegangen werden. Es sei lediglich erwähnt, daß frühe Rekonstruktionen des Urmenschen nach Art der jetzt lebenden menschenähnlichen Affen mit mächtigen Eckzähnen ausgestattet waren. Dies erwies sich jedoch, wie z. B. der bekannte Unterkiefer von Mauer bei Heidelberg (s. Abb. 60) zeigt, als nicht zutreffend. Aus dem gleichen Funde ist weiterhin zu ersehen, daß die typisch menschliche Kinnbildung sich erst innerhalb der Gattung Homo einstellte.

## Über den Feinbau der Zähne

Da eine voraussetzungslose Einführung in den mikroskopischen Bau und in die embryonale Entwicklung der Zähne zuviel Raum erfordern würde, beschränken wir uns zur Erläuterung der Bezeichnungen der verschiedenen Zahnhartsubstanzen auf einige Angaben allgemeiner Natur.

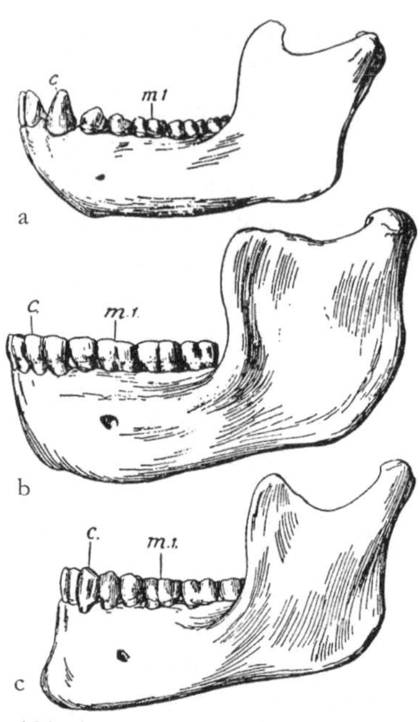

Abb. 60a—c. Unterkiefer in Außenansicht. a Schimpanse; b Unterkiefer von Mauer (Homo heidelbergensis); c Homo sapiens (jetztlebender Mensch). Nach W. E. Le Gros Clark (1960). *C* Eckzahn, *m* erster Molar

Die ungeheuer zahlreichen Zellen, aus denen der Körper eines Wirbeltieres aufgebaut ist, sind zwar alle durch fortgesetzte Teilungen aus einer einzigen Zelle hervorgegangen, aber sie blieben nicht gleichartig, sondern erlangten mit der Übernahme verschiedener Funktionen auch verschiedene Form und verschiedenen Feinbau. Die Art der Spezialisierung der Zellen steht nun in einem gewissen Zusammenhang mit ihrer Lage im werdenden Organismus. Die oberflächlichsten Zellen des Körpers, die seinen Abschluß nach außen bilden und die deshalb als Ektodermzellen[1] bezeichnet

---

[1] Von ekto = außen, meso = mittel, ento = innen und derma = Haut.

werden, haben andere Aufgaben zu erfüllen als die das Darmrohr und seine Anhänge auskleidenden Entodermzellen und als die zwischen Ektoderm und Entoderm gelegenen, die Zwischenräume füllenden Mesodermzellen (s. Abb. 61). Diese Lagebeziehungen der Zellen treten jedoch bei höher organisierten vielzelligen Tieren, z. B. bei allen Wirbeltieren, nur noch auf gewissen Embryonalstadien klar zutage. Später werden sie durch weitere Entwicklungsvorgänge verschleiert, wie z. B. im Falle der im Innern des Schädels liegenden Zellen des Gehirns, die alle aus ursprünglich oberflächlich gelegenen Ektodermzellen hervorgegangen sind.

Mit den Fortschritten der entwicklungsgeschichtlichen Forschung erfuhren allerdings die früher dogmatisch scharfen Aussagen über die Herkunft der Zellen fertig ausgebildeter Organe in gewissen Fällen eine Auflockerung. Auch in der Entwick-

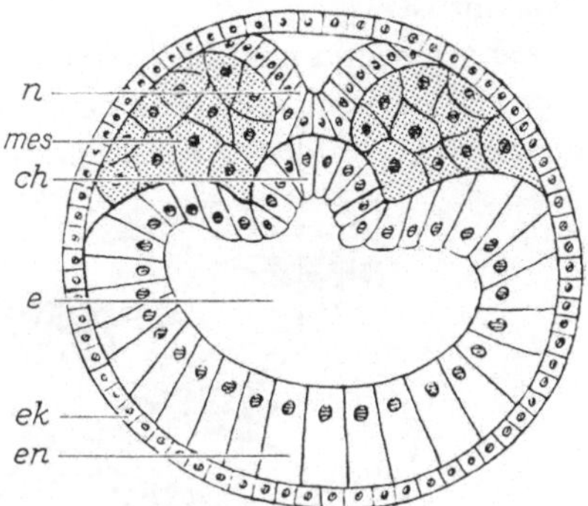


Abb. 61. Querschnitt durch ein Entwicklungsstadium des Lanzettfischchens Amphioxus (Branchiostoma); zeigt die Lage der äußeren Keimschicht (des Ektoderms), der inneren Keimschicht (des Entoderms) und der zwischen beiden gelegenen mittleren Keimschicht (des Mesoderms). Nach W. SCHIMKEWITSCH (1910). *n* Anlage des Rückenmarkes, *ch* Anlage der Rückensaite, *e* Urdarmhöhle, *ek* Ektoderm, *mes* Mesoderm, *en* Entoderm

lungsgeschichte der Zähne führten neue Befunde im einzelnen zu Änderungen in der Auffassung der Entwicklungsvorgänge, auf die hier nicht eingegangen werden kann.

Die am Aufbau der Zähne beteiligten Hartsubstanzen sind das Zahnbein, der Zahnschmelz und das Zahnzement. Von diesen ist das Zahnbein oder Dentin[1] stets vorhanden. Es bildet die Haupt-

---

[1] Vom lat. dens = Zahn. Die in der anatomischen Nomenklatur verwendeten Bezeichnungen sind für das Zahnbein: substantia eburnea, nach dem Zahnbein der Elefantenstoßzähne, dem Elfenbein (lat. ebur); für den Schmelz: substantia adamantina, von lat. adamas, Diamant (eine etwas übertriebene Hervorhebung der Härte des Schmelzes); für das Zahnzement: substantia ossea, knöcherne Substanz (eine zutreffende Bezeichnung; das Zahnzement ist tatsächlich nichts anderes als Knochen) (s. Abb. 62).

masse des Zahnes. Die Schmelz- oder Emailschicht bedeckt an
Säugetierzähnen in der Regel die Zahnkrone; nur ausnahms-
weise fehlt sie zum Teil oder völlig. Bei Reptilien kann das
Zahnbein vollständig von Schmelz umhüllt sein, während die
Schmelzbedeckung von Amphibienzähnen meist nicht sehr aus-
gedehnt ist.

Zahnzement umhüllt bei allen Säugetieren das Dentin der Zahnwurzel. Nur in einigen Gruppen von Pflanzenfressern wird außerdem Zement in den tiefen Tälern des Reliefs der schmelzfaltigen

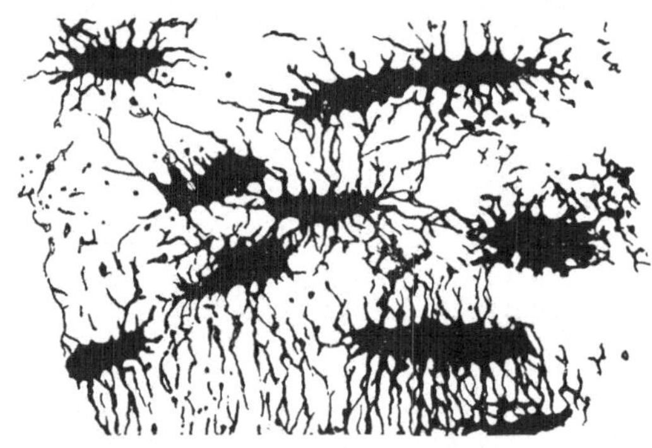

Abb. 62. „Knochenkörperchen", d. h. die von den Knochenzellen in der
Knochensubstanz eingenommenen Hohlräume sowie ihre Verbindungen zu
den Nachbarzellen; Röhrenknochen des Menschen. Nach RAUBER-KOPSCH

Kronenoberfläche abgelagert. Außerhalb der Klasse der Säugetiere kommt Zahnzement nur vereinzelt vor, z. B. an den Zähnen
der Krokodile.

Zahnbein und Knochen werden beide von mesodermalen Zellen
produziert. In beiden Fällen wird von den Bildungszellen eine
Grundsubstanz ausgeschieden, in der dann sog. kollagene (leim-
gebende) Fasern auftreten. Diesen wesentlichen Übereinstimmungen von Knochen und Zahnbein stehen jedoch nicht zu vernach-
lässigende Unterschiede gegenüber, von denen folgende hervorzuheben sind:

Die Knochenzellen entsenden nach allen Seiten hin Fortsätze,
welche zur Verbindung mit denen der Nachbarzellen dienen; die
Zahnbeinbildungszellen dagegen besitzen nur einen gegen die
Zahnoberfläche gerichteten Fortsatz.

Die Knochenbildungszelle wird durch die von ihr ausgeschiedene Hartsubstanz allseitig ummauert, während die Zahnbeinbildungszelle sich aus der von ihr ausgeschiedenen Hartsubstanz zurückzieht, aber darin einen Zellfortsatz zurückläßt, durch den ihre Verbindung mit der Hartsubstanz aufrechterhalten wird.

Bemerkenswert ist ferner der Unterschied, daß Knochen an den verschiedensten Stellen, z. B. in den Gliedmaßen oder in der Wirbelsäule, fern vom Ektoderm, auftreten kann, während die Bildung von Zahnbein durch mesodermale Zellen nur erfolgt, wenn diese an eine Schicht ektodermaler Zellen angrenzen.

Bei manchen Fischen wird die Pulpahöhle kreuz und quer von Zahnbeinbälkchen durchsetzt, die das sog. Trabeculardentin[1] aufbauen. Dieses Bälkchenzahnbein ist jedoch keine besonders knochenartige Bildung; denn sie entsteht jeweils nur innerhalb eines zuvor gebildeten Mantels von normalem Dentin, und es kommt auch hier nicht zu einer Ummauerung der Bildungszellen durch die von diesen ausgeschiedene Hartsubstanz.

Vor jeglicher Ausscheidung von Hartsubstanz bedecken gewisse dem Ektoderm angehörende Zellen, die künftigen Schmelzbildner oder Ameloblasten[2], eine Ansammlung mesodermaler Zellen, von denen sie nur durch eine dünne Membran, die sog. Basalmembran, getrennt sind. Die Hartsubstanzbildung beginnt nun damit, daß zunächst die an die Basalmembran angrenzenden mesodermalen Zellen an ihrer dieser Membran zugewendeten Fläche Dentin ausscheiden und so zu Dentinbildnern oder Odontoblasten[3] werden. Mit dem Fortgang des Bildungsprozesses nimmt nun die Dentinschicht — pulpawärts — an Dicke zu. Kurz nach dem Beginn der Dentinausscheidung setzt sodann die Schmelzbildung ein und zwar an dem der Basalmembran zugewendeten Ende der zylindrischen Ameloblasten. Entsprechend der Lage der Bildungszellen nimmt also die in Bildung begriffene Schmelzschicht von innen nach außen an Dicke zu. Die zuletzt gebildete Schmelzschicht liegt demnach zuäußerst, die zuletzt gebildete Dentinschicht dagegen zuinnerst (s. Abb. 63 u. 64).

---

[1] Vom lat. trabecula = Bälkchen.

[2] Vom altfranzösischen amel (= émail) und vom griechischen blastos = Keim.

[3] Vom griechischen odus, odontos = Zahn, und blastos = Keim.

Für den Säugetierschmelz ist sein nur bei starker Vergrößerung
sichtbarer Aufbau aus quergestreiften, deutlich gegeneinander ab-
gegrenzten sog. Prismen kennzeichnend. In räumlich-geometri-

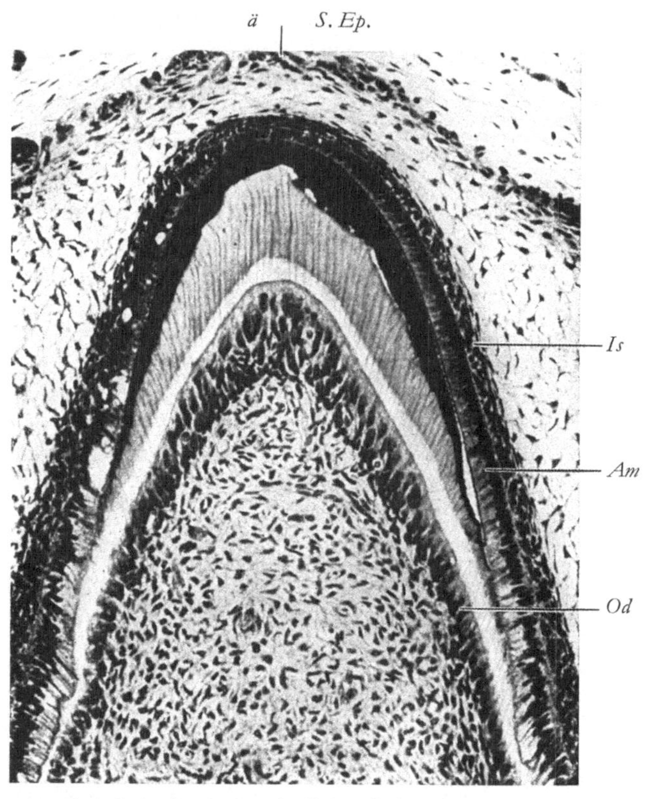



Abb. 63. Vertikalschnitt durch einen Teil einer Zahnanlage eines menschlichen
Embryos von 39 cm größter Länge. *Od* Odontoblasten (Zahnbeinbildner),
*Am* Ameloblasten (Schmelzbildner), *Is* Intermediäre Schicht der sog. Schmelzpulpa, *ä. S. Ep.* Äußeres Schmelzepithel nach J. LEHNER und H. PLENK im
v. Möllendorffschen Handbuch der mikroskopischen Anatomie des Menschen
(1936). Vergr. 180mal nat. Gr.

schem Sinn besitzen diese die Schmelzschicht in ihrer ganzen
Dicke durchsetzenden Bildungen allerdings keine Prismenform,
sondern sind mehr oder weniger gebogen; am ausgesprochensten
bei den Nagetieren. Im Schmelz der Nichtsäuger scheint eine

mehr oder weniger senkrecht zur Oberfläche verlaufende Struktur
vorzuliegen, deren Elemente aber im Dünnschliff nicht deutlich
gegeneinander abgrenzbar sind und die keine Querstreifung erkennen lassen. Ein praktisch überaus wertvolles Hilfsmittel zur

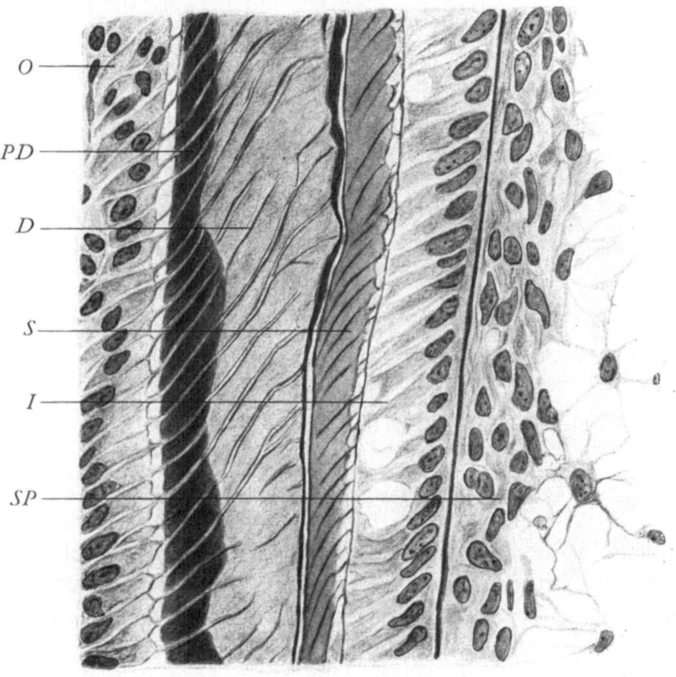


Abb. 64. Schnitt durch eine Partie einer Zahnanlage eines etwa fünfmonatigen
menschlichen Fetus. *O* Odontoblasten, *PD* Prädentin, *D* Dentin, *S* zweite
Vorstufe des Zahnschmelzes, *I* inneres Schmelzepithel (Ameloblasten), *SP*
Schmelzpulpa. Nach STÖHR-V. MÖLLENDORFF (1949). Vergr. ca. 600mal

Erkennung von echtem Schmelz ist seine starke negative Doppelbrechung, die bei Untersuchung von Dünnschliffen in polarisier-
tem Licht in eindrucksvoller Weise hervortritt.

Die Anwendung der genannten Kriterien führt zu der Auffassung, daß, abgesehen von sekundärem Verlust, nicht nur die
Säugetiere, Reptilien und Amphibien, sondern auch gewisse Fisch-
gruppen Schmelz besitzen.

Bei den Lungenfischen und den Quastenflossern sind die Zähne
aus Schmelz und regulärem Dentin aufgebaut. Viele Schmelzschupper und gewisse Teleosteer[1] besitzen dagegen nicht nur
zwei, sondern drei verschiedene Zahnhartsubstanzen, nämlich
außer echtem Schmelz und regulärem Zahnbein ein modifiziertes,
schmelzähnliches Dentin, das in wechselndem Maße die Rolle des
Schmelzes übernommen hat. Bei sehr vielen Teleosteern bestehen
die Zähne nur aus diesem schmelzähnlichen und aus regulärem

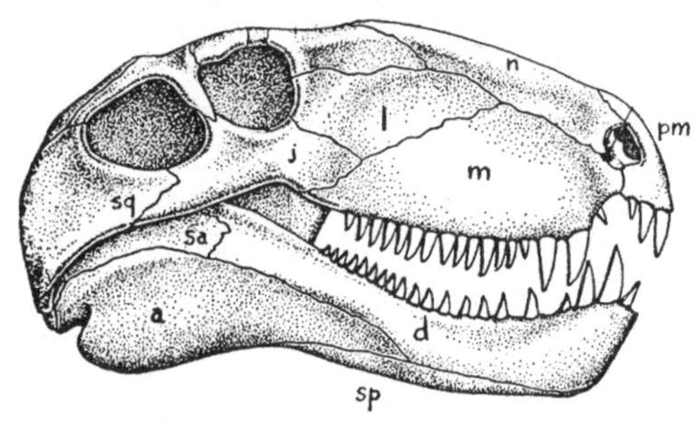



Abb. 65. Schädel des räuberischen frühen Reptils Dimetrodon in seitlicher
Ansicht. Nach A. S. ROMER (1945). *pm* Zwischenkieferbein, *n* Nasenbeine
*m* Oberkieferbein, *l* Tränenbein, *j* Jochbein, *sq* Squamosum, *d, sp, a, sa* Knochen des Unterkiefers

Zahnbein, während echter Schmelz fehlt. Die oberflächlichste
Schicht der Haifischzähne stimmt weder in der Zuwachsrichtung
noch in der Art der Doppelbrechung mit den bei Säugetieren und
Reptilien vorliegenden Verhältnissen überein. Sie wird deshalb
besser nicht als Schmelz, sondern als „Vitrodentin"[2] bezeichnet.
Wie uns die Gegenwart zeigt, ist pflanzliche Nahrung in der
Regel mit besonderen Anpassungen des Gebisses zur Bewältigung
solcher Kost verbunden. Aus dem frühen Erdaltertum sind keine
sicher in diesem Sinne deutbaren Gebißspezialisierungen bekannt.
Die Fische waren und sind keine Vegetarier, wenn es auch nicht
ausgeschlossen ist, daß einzellige oder auch höhere Organismen
pflanzlicher Natur zu ihrer Ernährung beitragen können. Die erdgeschichtlich frühesten Amphibien, die Stegocephalen, waren —
wenigstens soweit es sich um die erwachsenen Formen handelt —

---

[1] Knochenfische im engeren Sinne.
[2] Glasartiges Zahnbein.

62

jedenfalls alle Fleischfresser. Die ersten, allerdings noch bescheidenen Anpassungen des Gebisses an pflanzliche Nahrung finden sich unter den Reptilien des Perms. Schon bei den sog. Cotylosauriern kommt es entsprechend der Verschiedenheit der Funktion zur Ausbildung von vorderen, zum Abrupfen von Futter geeigneten schneidezahnartigen Zähnen und von hinten im Gebiß gelegenen Backenzähnen, die zur Zerkleinerung der Nahrung dienten. Unter den sog. Pelycosauriern war Dimetrodon karnivor, der mit dieser Gattung verwandte Edaphosaurus dagegen herbivor (s. Abb. 65 u. 66).

In der Ausbildung des Gebisses führte indessen der Unterschied von karnivorer und herbivorer Lebensweise nicht zu so großen Gegensätzen wie später bei den Säugetieren. Er ist aber doch vorhanden, wenn er auch oft in der übrigen Organisation markanter zutage tritt als im Gebiß.

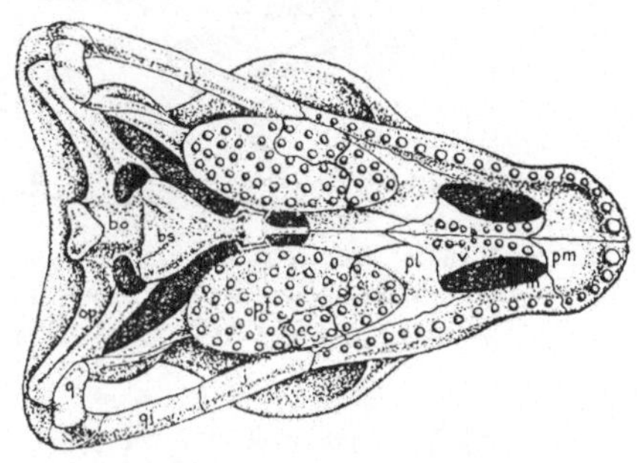

Abb. 66. Schädel des mit Dimetrodon (siehe Abb. 65) zwar verwandten, aber sehr wahrscheinlich pflanzenfressenden frühen Reptils Edaphosaurus; Ansicht des Gaumendaches. Nach A. S. ROMER (1945). (Bezeichnung der Knochen siehe Abb. 65). *pl* Palatinum

Die Stammesgeschichte mancher Reptilgruppen des Erdmittelalters macht den Eindruck eines Wettlaufes in der Vervollkommnung der Angriffswaffen der Carnivoren und der Verteidigungseinrichtungen der Herbivoren. Der bekannte Dinosaurier Diplodocus, der zu den größten Vierfüßern aller Zeiten gehört, nährte sich, wie aus dem Bau seines Gebisses (s. Abb. 67) vermutet wird, von saftreichen, weichen Wasserpflanzen, von denen er laut A. S. ROMER eine unglaubliche Menge verzehren mußte.

Bei den Säugetieren erforderte die Warmblütigkeit einen erhöhten Umsatz, der seinerseits zu einer besseren Erschließung der Nahrung und einer Steigerung der Kauleistung führte. An dieser Leistungssteigerung sind neben Anpassungen der vorderen Zähne namentlich die Backenzähne beteiligt, deren allmähliche Komplikation in der Cope-Osbornschen Differenzierungs- oder Trituber-

culartheorie eine schematische Darstellung gefunden hat (s.
Abb. 68). Wie bereits erwähnt, entsprechen darin die mehr oder
weniger hypothetischen Ausführungen über die frühesten Stadien

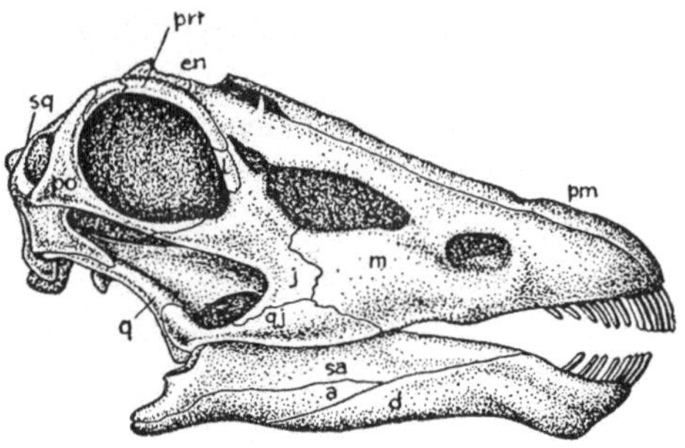

Abb. 67. Schädel des sich von saftigen Wasserpflanzen nährenden Dinosauriers Diplodocus. Nach A. S. Romer (1945). (Bezeichnung der Knochen
siehe Abb. 65.) Ca. $^1/_{10}$ nat. Gr.

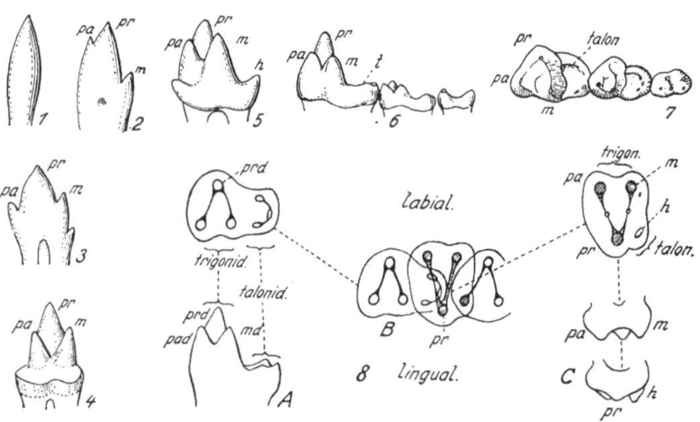

Abb. 68. Schemata zur Cope-Osbornschen Trituberculartheorie. Das Schema
zeigt die allmähliche Umbildung eines einfachen zu einem kompliziert geformten Zahngebilde. Die wissenschaftlichen Bezeichnungen für die Typentheorie:
1. Einfacher Reptilzahn (haplodonter Typus); 2. und 3. triconodonter Typus;
4. und 5. trituberculärer (trigonodonter) Typ; 4. heute als symmetrodont
bezeichnet; 5., 6. und 7. tuberculo-sektorialer (tribosphenischer) Typus;
8. trituberculäre Molaren; A. des Unterkiefers, C. des Oberkiefers, B. untere
und obere Molaren aufeinandergezeichnet. Im Oberkiefer: *pr* Protoconus,
*pa* Paraconus, *m* Metaconus, *h* Hypoconus. Im Unterkiefer: *prd* Protoconid,
*pad* Paraconid, *md* Metaconid. Diese Bezeichnungen sind noch im Gebrauch,
obwohl sie ihre ursprüngliche Bedeutung zum Teil verloren haben. Nach
H. F. Osborn

64

dem heutigen Stande der Kenntnisse nicht mehr ganz und mußten geändert werden. Im übrigen jedoch erfuhr die Theorie durch die Ergebnisse der Paläontologie eine volle Bestätigung.

Der Vergleich eines Reptilgebisses, bei dem kegelförmige obere und untere Zähne zwischeneinander eingreifen, mit Zähnen früher Säugetiere (sog. Trituberculaten oder Pantotheria) zeigt, daß die Steigerung der Kauleistung hauptsächlich auf einer Verbesserung der sogenannten Occlusion beruht, das heißt, auf der Art und Weise, in welcher obere und untere Zähne bei Kieferschluß als Antagonisten zur Berührung gelangen.

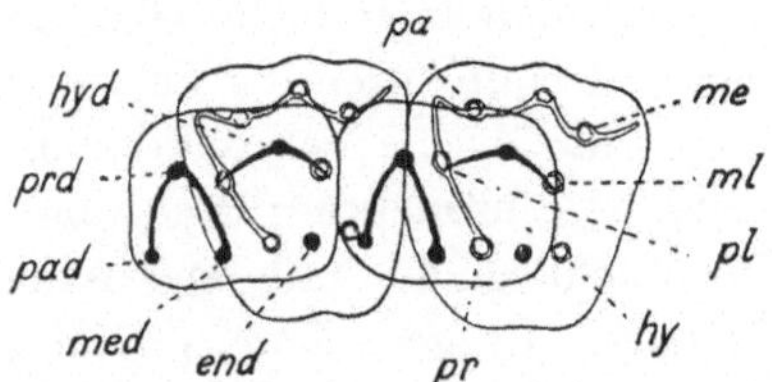


Abb. 69. Obere und untere Backenzähne eines Huftieres aufeinandergezeichnet. Abkürzungen wie in Abb. 68. Aus K. A. v. Zittel

An den unteren Zähnen der genannten Säugetiere (s. Abb. 68) ist nämlich hinter den in Dreieckform angeordneten Haupthöckern eine Plattform, ein sog. Talonid, entstanden, auf welches nunmehr ein Haupthöcker des antagonistischen oberen Zahnes auftrifft. Dieses Talonid war ursprünglich niedriger als die Haupthöcker. Dadurch, daß es deren Niveau erreichte, vergrößerte sich die Kontaktnahme zwischen oberen und unteren Zähnen (s. Abb. 69).

Funktionell bedeutsam ist ferner der Umstand, daß bei den Trituberculaten die Haupthöcker an den oberen Zähnen anders orientiert sind als an den unteren Zähnen. Oben liegt nämlich die Basis des von den Haupthöckern gebildeten Dreiecks außen, an den unteren Zähnen dagegen innen. Im Zusammenhang mit diesem Unterschied verlief die weitere Formentwicklung der oberen Zähne durchaus anders als bei den unteren Zähnen.

Im Gebiß der frühen plazentalen Säugetiere finden sich keinerlei Anzeichen, die im Sinne einer herbivoren Ernährung gedeutet werden könnten. Vielmehr zeigen die Zähne in der ganzen Gruppe den gleichen Bau. Es sind Höckerzähne mit niedriger Krone und wohlausgebildeten Wurzeln. Auf eine solche Ausgangsform sind nun, wie durch eine große Anzahl von Funden nachgewiesen worden ist, sowohl die Verhältnisse bei Carnivoren als auch bei

Herbivoren zurückzuführen. Die Zähne der Urraubtiere waren den Zähnen der Urpflanzenfresser anfänglich noch sehr ähnlich. Wie bereits erwähnt, standen auch die Zähne der niederen Primaten dieser Ausgangsform sehr nahe. In dieser Ordnung führte die Zahnentwicklung nicht zu bedeutenden Differenzierungen, wohl aber war dies bei den Carnivoren und in noch höherem Maße bei den mannigfaltigen nicht näher untereinander verwandten Gruppen von Herbivoren der Fall.

Die allmähliche Vervollkommnung der Einrichtungen zur Bewältigung pflanzlicher Nahrung wird mit Veränderungen im Pflanzenkleide der Erde in Zusammenhang gebracht, die sich im Lauf der Erdgeschichte abspielten, mit dem Aufkommen der Blütenpflanzen und insbesondere der Gramineen, an die sich z.B. die Wiederkäuer anzupassen hatten. Andererseits wies A. S. ROMER darauf hin, daß allein schon die Zunahme der Körpergröße eines Tieres eine intensivere Kauleistung erfordert. Wenn sich nämlich bei dieser Größenzunahme das Volumen der lebenden Substanz, die unterhalten werden muß, im Verhältnis der dritten Potenz erhöhe, so nehme die Kaufläche der Zähne nur etwa im Quadrat zu.

Zur Verbesserung der Kauleistung des Gebisses von Pflanzenfressern trugen hauptsächlich drei Umstände bei, nämlich 1. Schmelzfaltigkeit der Zahnkrone, 2. Bildung von Kronenzement und 3. langes oder zeitlebens anhaltendes Wachstum gewisser Zähne.

Weil das Zahnbein weniger hart ist als der Schmelz, so wird es rascher als dieser abgenützt. Ist nun der die Krone bedeckende Schmelz in Falten gelegt, so entsteht bei der Abnützung durch Reibung ein System von vorspringenden Schmelzrippen, die von Vertiefungen im Zahnbein umgeben sind. Die Kaufläche wird deshalb auch bei lang andauernder Abnützung nicht glattgerieben, sondern behält die für ein wirksames Kauen notwendige Rauhigkeit und Unebenheit. Bei fortgeschrittener Schmelzfaltigkeit wird nun in den engen und tiefen Tälern der Schmelzoberfläche Kronenzement abgelagert, das noch weicher ist als das Zahnbein. Indem so der Zahn nicht nur aus zwei, sondern aus drei Substanzen von verschiedener Härte aufgebaut ist, behält die Kaufläche während der Abnützung ihre Rauhigkeit noch vollkommener bei. Daneben hat das Kronenzement die Aufgabe, bei Backenzähnen die einzelnen

Teile zusammenzuhalten und die durch weitgetriebene Schmelzfaltung gefährdete Festigkeit zu gewährleisten.

Daß funktionell stark beanspruchte Zähne ihr Wachstum lange
fortsetzen oder sogar zu immerwachsenden Zähnen werden können, ist keineswegs eine auf Herbivoren beschränkte Erscheinung,
aber bei diesen besonders bemerkenswert. Hier stellt sie eine notwendige Kompensierung der kleinen Zahl der Zahngenerationen
dar, von denen ja die Säugetiere maximal zwei und im Fall der
Molaren nur eine einzige besitzen.

Solange sich die Kenntnis der Säugetiere auf die jetzt lebenden
Formen beschränkte, galt die Ordnung der Huftiere oder Ungu-
laten, zu der sehr viele reine Pflanzenfresser der Gegenwart gehören, als eine natürliche Zusammenfassung von unter sich näher
verwandten Formen. In diesem Sinn trifft dies heute nicht mehr
zu; denn es zeigte sich, daß die Entwicklung der beiden Unterabteilungen der Huftiere, der Unpaarzeher und der Paarzeher,
während des ganzen Tertiärs auf getrennten Bahnen verlaufen ist.
Viele Merkmale, die früher als Zeichen von Verwandtschaft auf-
gefaßt worden waren, erwiesen sich lediglich als zwar im gleichen
Sinn, aber unabhängig voneinander erfolgte Anpassungen an
herbivore Diät und ihre Konsequenzen. Dazu kommen weitere
vorwiegend oder ausschließlich herbivore Formen, von denen
die einen, wie die Amblypoden und die früh spezialisierten Dino-
ceraten, bald ausstarben, während andere, wie die Litopterna und
die Notoungulaten Südamerikas, bis nahe an die Gegenwart reichen. Bei den Litopterna waren die Zehen wie beim Pferde bis
auf die Mittelzehe reduziert; das Gebiß aber war vom Pferdegebiß
völlig verschieden. Dafür besaßen mit den echten Unpaarzehern
verwandte altweltliche Formen sogar Krallen statt Hufe. Die
Notoungulaten, die „Huftiere der Neuen Welt", spielten dort
mehr oder weniger die Rolle von Huftieren. Ihr Gebiß weist
jedoch einen eigenartigen einheitlichen Bau auf, der vom Gebißcharakter der altweltlichen Formen durchaus verschieden ist.

Mit der gewaltigen Erweiterung des Untersuchungsmaterials
durch die fossilen Formen ließ sich der Begriff der „Huftiere" im
alten Sinne nicht mehr aufrechterhalten. Mit Recht bemerkt
A. S. ROMER, so seltsam es scheine, so sei doch die Kuh mit dem
Löwen ebenso nahe verwandt wie mit dem Pferde.

Aus Raumgründen beschränken wir uns auf einige Bemerkungen über die Paarzeher und die Unpaarzeher. Die ältesten Unpaarzeher besitzen Höckerzähne, aus denen in der Folge Jochzähne hervorgingen (s. Abb. 70). Tapir und Nashorn verharrten auf dieser Stufe, während die Entwicklung in der Pferdereihe (s. Abb. 71) bis zu einer komplizierten Schmelzfaltigkeit der Molaren

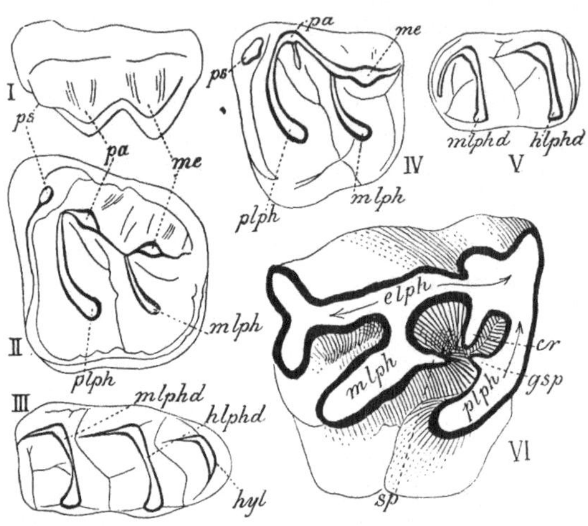

Abb. 70. Molaren von Tapiren und Nashörnern (unpaarzehigen Verwandten des Pferdes): *I* und *II* oberer Molar von Systemodon in Kronen- und in seitlicher Ansicht; *III* unterer Molar der gleichen Art in Kronenansicht; *IV* und *V* oberer und unterer Molar von Hyrachyus; *VI* oberer Molar von Rhinoceros. — *pa* Paraconus, *me* Metaconus, *ps* Parastyl, *elph* Ectoloph, *plph* Protoloph, *mlph* Metaloph, *sp* Sporn, *gsp* Gegensporn, *mlphd* Metalophid, *hlphd* Hypolophid. Nach H. S. Osborn und D. de Blainville

führte, die dann auch auf die ursprünglich einfacher geformten Prämolaren übergriff (s. Abb. 72). Bemerkenswert ist im Pferdegebiß auch die Gestaltung der Schneidezähne, aus der sich das individuelle Alter einigermaßen ablesen läßt (s. Abb. 73).

Für die primitiven Paarzeher, die Schweine (s. Abb. 74), ist der Besitz von Höckerzähnen charakteristisch. Die Eckzähne können namentlich im männlichen Geschlecht Dauerwachstum aufweisen. Die Zahnformel des Schweines ist ihrer Vollständigkeit wegen zu erwähnen. Sie weist nämlich als seltene Ausnahme unter den jetzt lebenden Säugetieren drei Schneidezähne, einen Eckzahn, vier

Prämolaren und drei Molaren auf. Bei den Wiederkäuern werden
die Höcker der Backenzähne zu sog. Halbmonden umgestaltet (s.

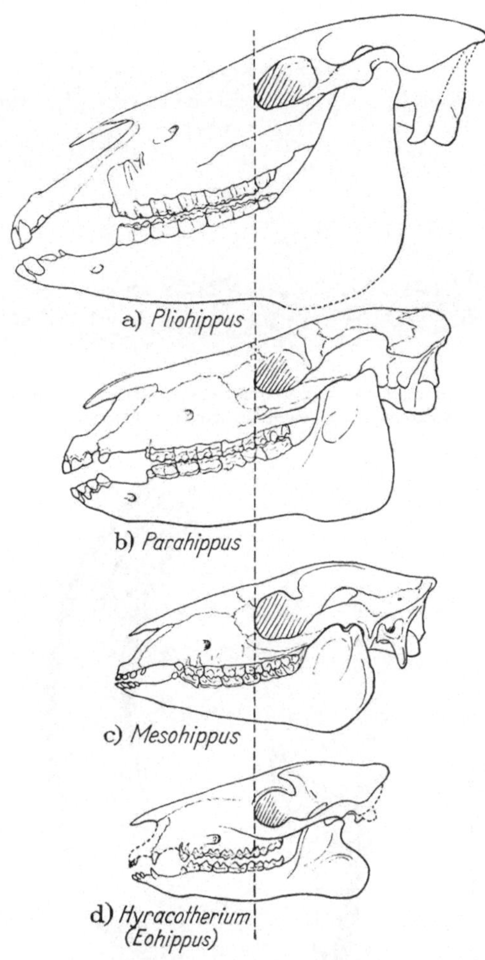


Abb. 71a—d. Aus der Entwicklung des Pferdeschädels: a Pliohippus; b Para-
hippus; c Mesohippus; d Hyracotherium (= Eohippus). Nach W. K. GRE-
GORY (1951). Die senkrechte Linie bezeichnet den Vorderrand der Augenhöhle

Abb. 75). Der vordere Gebißabschnitt stellt trotz des Verlustes
der oberen Schneidezähne und des oberen Eckzahnes eine für das

Abrupfen von Gras vorzüglich geeignete Einrichtung dar, indem
die vorderen unteren Zähne mit einer verhornten Gaumenplatte

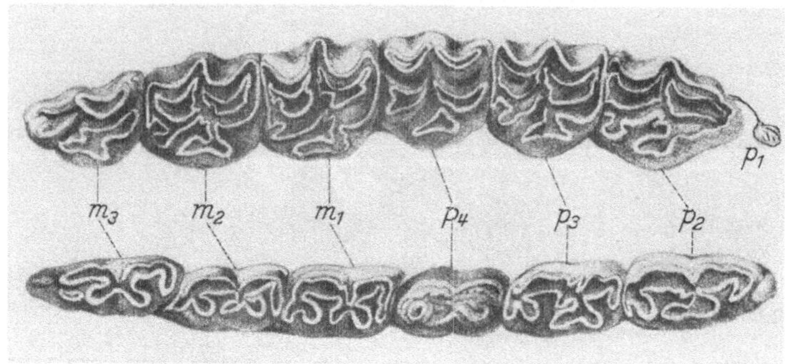

Abb. 72. Obere und untere Backenzahnreihe des Pferdes; die Prämolaren sind
molarenförmig geworden. Nach R. OWEN

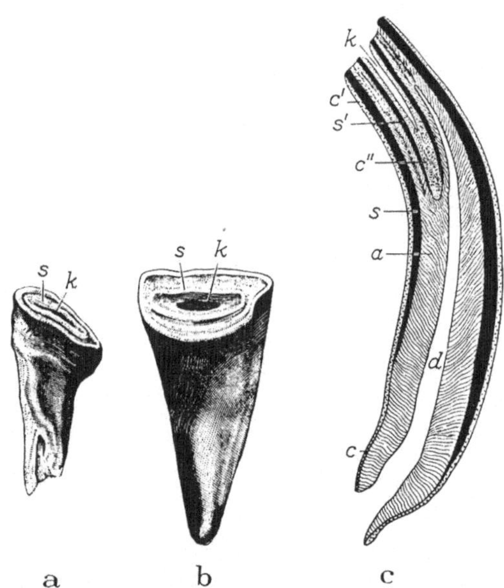

Abb. 73 a—c. Schneidezähne des Pferdes. a Milchschneidezahn; b Ersatz-
schneidezahn; *k* Kunde, *s* Schmelzleiste; c Vertikalschliff durch einen Schneidezahn: *a* Zahnbein, *s* äußerer Kronenschmelz, *s'* Schmelzeinstülpung der sog.
Kunde, *c* Wurzelelement, *c'* äußeres Kronenzement, *c''* Zementablagerung in
der Kunde, *d* Pulpahöhle, *k* Kunde. Nach ELLENBERGER und BAUM (1943)

zusammenwirken. Bei den Kamelen und den Lamas, bei denen auch der Magen noch nicht die volle Komplikation des Wiederkäuermagens erreicht hat, ist der obere Eckzahn noch vorhanden.

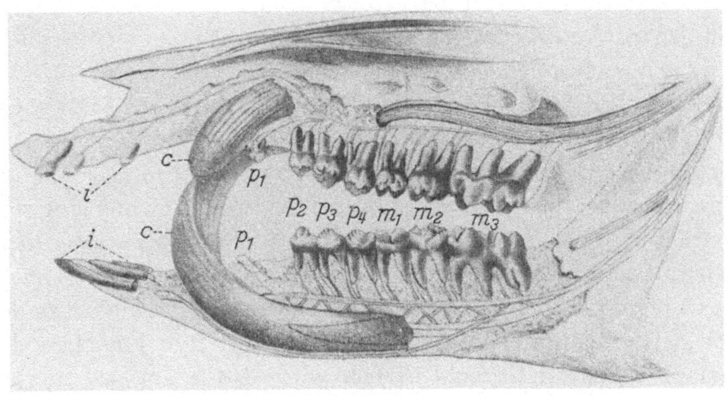



Abb. 74. Ober- und Unterkiefer des Wildschweines in Innenansicht: *i* Schneidezähne, *c* Eckzahn, *p* Prämolaren, *m* Molaren. Ca. ½ nat. Gr. Nach R. Owen

Zu ganz anderen Zahnformen als bei den Pflanzenfressern führte raubtiermäßige Gebißgestaltung bei den Carnivoren, am ausgesprochensten bei den großen und kleinen Katzen. Diese sind ausgezeichnet durch kräftige Eckzähne sowie durch die Ausbildung von sog. Reißzähnen, die darin besteht, daß die schneidende Kante eines oberen Bakkenzahnes sich beim Schließen des Mundes dicht an der ebenfalls schneidenden Kante eines unteren Backenzahnes vorbeibewegt. Diese Einrichtung wurde deshalb schon mit einer

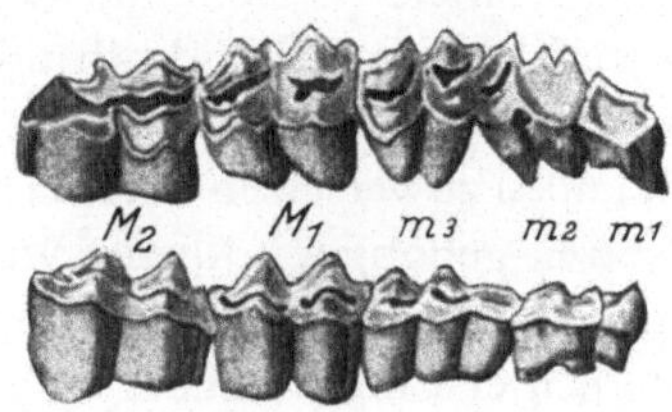



Abb. 75. Obere und untere Backenzähne des Schafes; der 3. Molar noch nicht durchgebrochen. Nach P. de Terra (1911)

Blechschere verglichen oder auch als Brechscherenapparat bezeichnet. Zu Reißzähnen wurden bei den jetzt lebenden Raubtieren und bei einer ausgestorbenen Familie oben der vierte Prämolar, unten der erste Molar; bei den Urraubtieren waren es dagegen entweder der erste und zweite oder der zweite und dritte

Molar. Bei einer frühen Gruppe von Urraubtieren waren noch keine Reißzähne ausgebildet. Der Molarenabschnitt des Gebisses ist bei den jetzt lebenden Katzen sehr reduziert, denn er wird unten meist nur durch den Reißzahn und oben durch ein einziges winziges Zähnchen repräsentiert. Ausgedehnter ist das Molarengebiet bei den Bären, unter welchen der ausgestorbene Höhlenbär übrigens wahrscheinlich ein reiner Vegetarier war; ferner bei den Hunden. Eine afrikanische Hundegattung, Otocyon, kann sogar im Oberkiefer bis zu vier, im Unterkiefer bis zu fünf Molaren aufweisen, was zu einer maximalen Gesamtzahl von fünfzig Zähnen führt. Die Dachse sind Allesfresser. An ihrem Gebiß läßt sich trefflich zeigen, daß die Unterkiefer der Raubtiere eine reine Scharnierbewegung ausführen. Der Gelenkkopf des Unterkiefers ist nämlich zu einer quergestellten, senkrecht zur Längsachse des Schädels orientierten Walze geworden, die vom Knochen der Gelenkpfanne oft so dicht umfaßt wird, daß es am skelettierten Schädel nicht möglich ist, den Unterkiefer ohne Zerstörung von Knochensubstanz vom Oberschädel zu entfernen.

Die Vergrößerung der Eckzähne ging bei den ausgestorbenen Säbelzahntigern noch weiter als bei den jetzt lebenden Katzen. Hand in Hand mit dieser Vergrößerung ging eine Umgestaltung des Kiefergelenkes, welche ein besonders weites Öffnen des Mundes gestattete (s. Abb. 76). Die scharfen Eckzähne dienten ohne Zweifel dazu, großen, dickhäutigen Säugetieren, die angesprungen wurden — man denkt in erster Linie an Mastodonten — tödliche Wunden zu versetzen oder sie zum Verbluten zu bringen. Zu den Katzen gehörige, in dieser Weise spezialisierte, räuberische Formen gab es während eines großen Teiles der Tertiärperiode. Sie starben erst im Quartär aus; wie vermutet wird, weil in den betreffenden Gegenden zuvor ihre Beutetiere ausgestorben waren. Bemerkenswerterweise kam eine gleichartige Gebißgestaltung nicht nur bei Katzen, sondern auch bei Angehörigen anderer Säugetiergruppen vor, nämlich bei dem Beuteltier Thylacosmilus (s. Abb. 76) und bei einem Urraubtier (Apataelurus).

Außer den landlebenden Carnivoren, zu denen auch der Fischotter und die an den nördlichen Küsten des Stillen Ozeans lebenden Seeottern gezählt werden, gibt es an ein dauerndes Leben im Wasser weitgehender angepaßte Formen, die sich jedoch nach ihrem sonstigen Körperbau als nahe Verwandte der Landraubtiere erweisen und die deshalb als pinnipede Carnivoren, d. h. als mit Flossen versehene Raubtiere zusammengefaßt werden. Dazu gehören die Ohrenrobben, das Walroß und die verschiedenen Robbengeschlechter.

Die nahe Verwandtschaft der land- und der wasserlebenden Raubtiere, wie auch der Umstand, daß bisher keine Pinnipedier

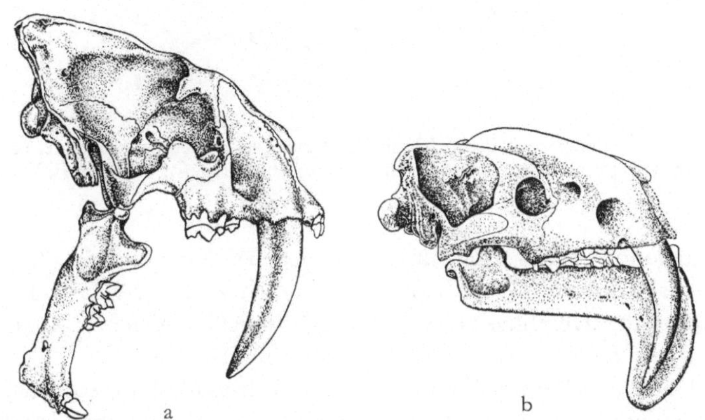



Abb. 76 a u. b. Schädel des fossilen Säbelzahntigers Smilodon a und des ebenfalls fossilen Beuteltieres Thylacosmilus b in seitlicher Ansicht; bei beiden ist der Eckzahn gewaltig vergrößert. Nach A. S. ROMER (1945)

aus alttertiären Schichten bekannt geworden sind, sprechen dafür, daß die Anpassung von Landraubtieren an ein dauerndes Wasserleben erdgeschichtlich relativ spät einsetzte.

Die Umwandlung von landlebenden Säugetieren zu Walen erfolgte dagegen zweifellos sehr viel früher; denn ein fossiler Wal, Protocetus (s. Abb. 77) stammt schon aus dem Eozän. Wir betrachten Pinnipedier und Wale zunächst gemeinsam zur Beantwortung der Frage, in welcher Weise sich die Anpassung an das Wasserleben in den beiden Gruppen auf die Gebißgestaltung auswirkte. Die Antwort ist eindeutig: in beiden Fällen führte die Umgestaltung zu einer Vereinfachung der von den landlebenden Vorfahren ererbten Zahnformen.

Das Gebiß des bereits erwähnten Urwales Protocetus entspricht mit seinen 44 Zähnen der bei frühen plazentalen Säugetieren weit verbreiteten Formel. Die drei Schneidezähne und der Eckzahn sind einfach gestaltet, während die vier Prämolaren und die drei Molaren in ihrer Form noch an die Backenzähne landlebender Säugetiere erinnern. Auch bei den im Tertiär weitverbreiteten

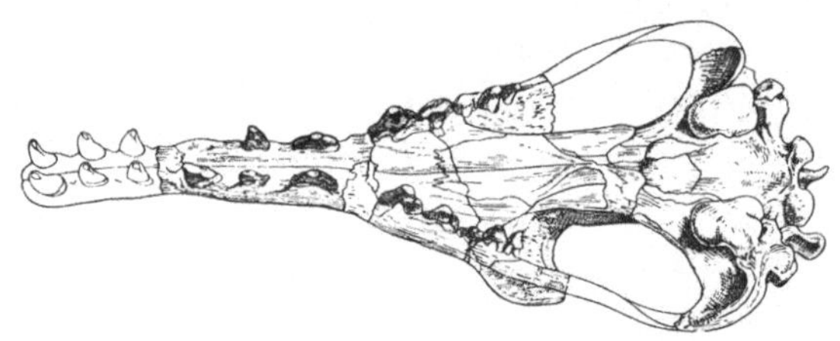

Abb. 77. Gaumendach des Schädels des Urwales Protocetus. Schneidezähne, Eckzähne, Prämolaren und Molaren noch verschieden geformt. Nach E. Fraas (1904). Ca. $^1/_6$ nat. Gr.

Squalodontiden (s. Abb. 78) unterschieden sich die hinteren Zähne nach Form und Größe von den vorderen Zähnen, während die Zähne der Delphine (s. Abb. 79) alle ungefähr gleich groß sind und alle die gleiche einfache Kegelform aufweisen.

Unter den Pinnipediern besitzt das Walroß (s. Abb. 80) riesige obere und nicht vergrößerte untere Eckzähne und dahinter sehr

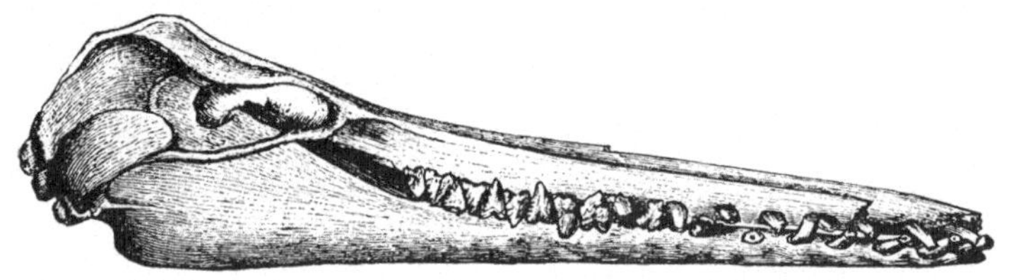

Abb. 78. Squalodon, ein Zahnwal aus dem Tertiär, dessen hintere Zähne noch etwas größer und von den vorderen Zähnen formverschieden sind. Nach K. A. v. Zittel. Ca. $^1/_{10}$ nat. Gr.

einfach geformte Backenzähne, die zum Zerquetschen von Muscheln und Krebsen dienen. Bei manchen Seehunden führte die Vereinfachung der Zahnform zu Backenzähnen, bei denen drei Höcker, nämlich eine Hauptspitze sowie eine vordere und eine hintere Nebenspitze, wie bei den Triconodonten des Erdmittelalters, in einer geraden Linie liegen, weshalb in diesem Falle von sekundärer Triconodontie gesprochen wird.

74

Sekundär ist zweifellos auch die Zahnlosigkeit der Bartenwale,
denn deren Embryonen besitzen noch Zahnanlagen, wie dies

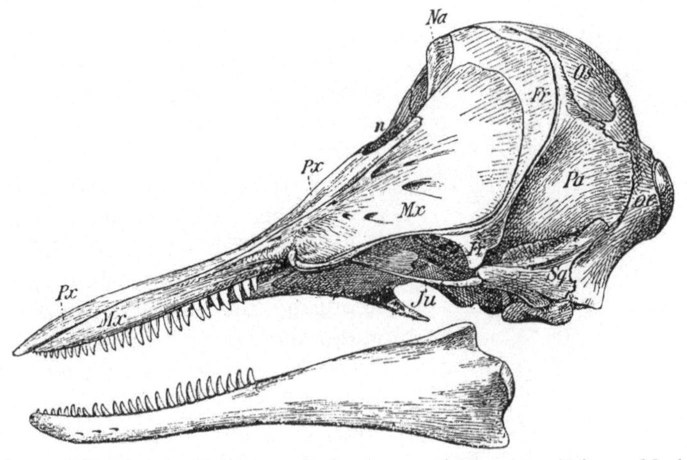

Abb. 79. Schädel eines Delphins mit durchwegs gleichartigen Zähnen. Nach
Boas

Etienne Geoffroy St. Hilaire schon im Jahre 1806 für den
Grönlandwal nachweisen konnte. Überdies gibt es unter den fossilen Walen bezahnte For-
men, die auf Grund ihrer
Schädelgestaltung als Vorfahren von Bartenwalen
betrachtet werden müssen.

Die Anzahl der Zähne
ist bei den Zahnwalen sehr
verschieden. Bei den Del-
phinen sind viele Zähne
vorhanden, bei Delphinus
delphis oben und unten in
jeder Kieferhälfte maximal
bis zu 65. Bei anderen Del-
phingattungen sind die
Zahlen wesentlich kleiner,
aber immer noch statt-
lich.

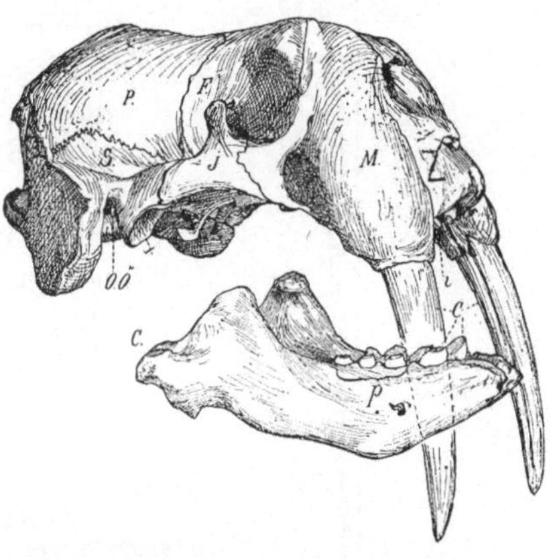

Abb. 80. Schädel des Walrosses. c Eckzähne,
I Zwischenkieferbein, i Schneidezähne,
M Oberkieferbein, J Jochbein, F Stirnbein,
P Scheitelbein, S Schläfenbein, Oö Ohröff-
nung, p Prämolaren. Nach M. Weber (1928)

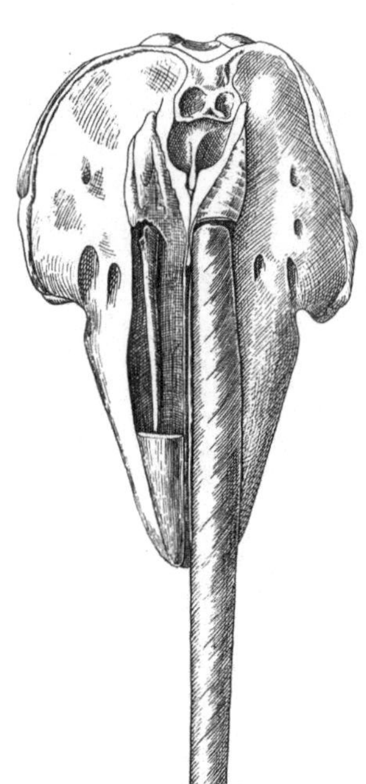

Beim Pottwal ist die Bezahnung des Oberkiefers reduziert; sie gelangt auch meist nicht mehr zum Durchbruch. Der Unterkiefer besitzt dagegen zahlreiche kegelförmige Zähne, die nicht in scharf gesonderten Alveolen befestigt sind, sondern in einer rinnenförmigen mehr oder weniger einheitlichen Alveolargrube, wie dies in ähnlicher Weise auch bei einer an Wasserleben angepaßten Gruppe von Reptilien, bei den Ichthyosauriern vorkommt.

Der Narwal (s. Abb. 81) ist nicht nur durch die bedeutende Asymmetrie seiner Bezahnung von Interesse, sondern auch dadurch, daß bei ihm der Unterschied in der Bezahnung männlicher und weiblicher Tiere größer ist als bei irgend einem anderen Wirbeltier. Beim Männchen gelangt nämlich nur ein einziger Schneidezahn, meist derjenige des linken Prämaxillare, zum Durchbruch. Dieser Zahn wird zu einem Stoßzahn von zwei Metern Länge, während der Zahn des rechten Prämaxillare in der Regel klein bleibt und nicht durchbricht. Dem weiblichen Narwal fehlt ein solcher Stoßzahn. Im Mittelalter galten Narwalzähne, die mit anderen Handelsobjek-

Abb. 81. Schädel des Narwals Monodon von vorn oben. Die Zwischenkiefer aufgebrochen, um die Einpflanzung der Schneidezähne zu zeigen. Meist erreicht der linke Stoßzahn (im Bilde rechts) eine Länge von zwei Metern. Der rechte bleibt klein und kommt nicht zum Durchbruch. Nach M. WEBER (1928); Stoßzahn ergänzt nach LEUNIS-LUDWIG (1883)

ten von der Meeresküste bis weit ins Inland gelangt waren, als
Bestätigung der Existenz des sagenhaften Einhorns.

Die Nagetiere, deren Besprechung wir uns nunmehr zuwenden,
sind zumeist reine Pflanzenfresser. Darunter finden sich viele,
deren Leistungen in der Bewältigung schwer erschließbarer Nahrung kaum hinter denjenigen von in dieser Hinsicht hochspezialisierten modernen Huf-
tieren zurückstehen. Wie
es nun bei der Bespre-
chung der Huftiere not-
wendig wurde, die syste-
matische Bedeutung ihrer
Bezeichnung zu erörtern,
so läßt es sich auch für
die Nagetiere nicht um-
gehen, kurz auf die Wand-
lungen hinzuweisen, die
dieser Begriff in neuerer
Zeit erfahren hat.

Zu den Nagetieren
wurden nämlich früher
einige Tierarten gezählt,
die, als sie genauer be-
kannt wurden, nicht mehr
in diese Säugetierord-
nung hineinpassen woll-
ten, und zwar nicht nur
hinsichtlich ihrer sonsti-

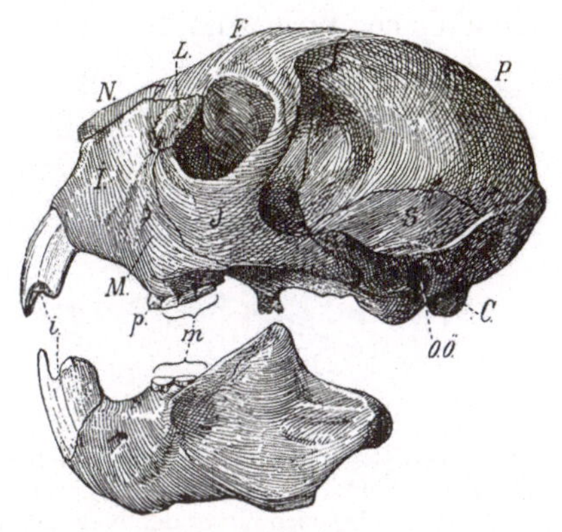

Abb. 82. Daubentonia (= Chiromys, Aye-
Aye), ein Halbaffe mit permanent wachsenden, aber von den Nagezähnen der Roden-
tier in ihrer Gestalt verschiedenen Schneidezähnen. Nach M. WEBER (1928). *i* Schneidezähne, *p* Prämolaren, *m* Molaren, *C* Hinter-
hauptsgelenkhöcker, *F* Stirnbein, *L* Tränenbein, *M* Oberkieferbein, *N* Nasenbein,
*Oö* Ohröffnung, *P* Scheitelbein, *S* Schläfen-
beinschuppe

gen Organisation, sondern insbesondere auch hinsichtlich der
Beschaffenheit des Gebisses. Zu den schon seit langem nicht mehr
als Nager anerkannten Formen gehören z. B. das madagassische
Aye-Aye Daubentonia (Chiromys) sowie der über ganz Afrika
verbreitete und bis nach Syrien und Palästina hineinreichende
Klippschliefer Procavia (Hyrax), der Hase des Alten Testamentes.
Beide stimmen mit Nagetieren nur darin überein, daß sie ein Paar
Schneidezähne mit Dauerwachstum besitzen. Daubentonia (Chiro-
mys, s. Abb. 82) ist ein Halbaffe, dessen vorderste Zähne laut
MAX WEBER „nicht eigentlich zum Nagen gebraucht werden,

wohl aber zum Beißen von Löchern, um weicher Fruchtteile innerhalb der Schale, um des Markes innerhalb des Rohres, um der
Insekten unterhalb der Rinde habhaft zu werden, wobei der lange,
dünne Mittelfinger mithilft".

An den oberen Schneidezähnen des Klippschliefers stoßen zwei
schräggestellte äußere, schmelzbedeckte Flächen in einer vorderen
schneidenden Kante zusammen. Diese dreiseitig prismatischen
Zähne dienen nicht zum Nagen, sondern zum Abschneiden von

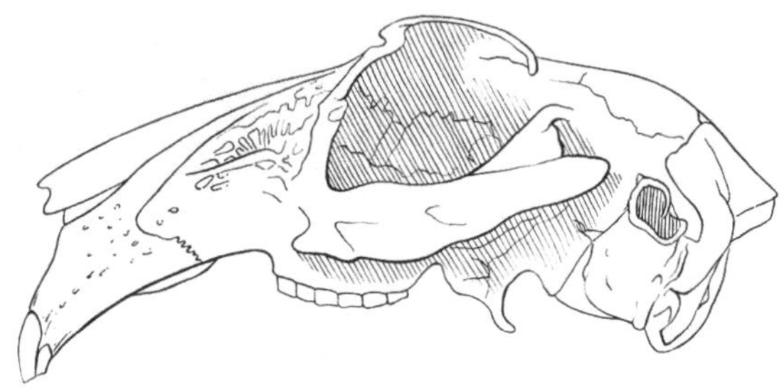

Abb. 83. Schädel des Kaninchens in seitlicher Ansicht. Die von den Nagetieren
im engeren Sinne als besondere Ordnung abgetrennten Hasen, Kaninchen
und Pfeifhasen besitzen hinter den Nagezähnen ein Paar kleiner, stiftförmiger
Zähne. Nach ELLENBERGER und BAUM (1943)

Gräsern. Die Backenzähne sind von denjenigen der Nagetiere
völlig verschieden.

In neuerer Zeit führten nun Untersuchungen des Gebisses wie
auch der sonstigen Organisationsverhältnisse zu einer Prüfung
der Frage, ob die Nagetiere im herkömmlichen Sinn eine einheit-
liche, natürliche, auf Verwandtschaft beruhende Säugetierordnung
darstellen oder nicht.

Das Resultat dieser Prüfung fiel negativ aus, was nicht gerade
überraschend kam. Schon seit langem war nämlich von den Syste-
matikern die Größe der Unterschiede zwischen den beiden Unter-
ordnungen der Nagetiere, den Simplicidentaten und den Dupli-
cidentaten, erkannt und betont worden. Diese Bezeichnungen
beziehen sich darauf, daß die Simplicidentaten nur ein einziges
Paar oberer Schneidezähne besitzen, während bei den Duplíciden-
taten, zu denen die Hasen und die Pfeifhasen gehören, hinter den
oberen Nagezähnen ein weiteres Paar von kleinen, stiftförmigen
Inzisiven vorhanden ist (s. Abb. 83). Viel bedeutender jedoch als

78

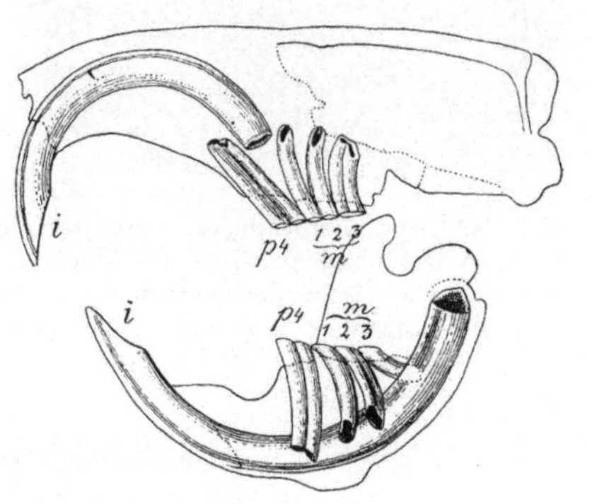

i
i
p4
1 2 3
m
p4
m
1 2 3

kann das Hinterende der Alveole bis zum Kiefergelenk reichen
(s. Abb. 84). Im Zusammenhang mit dem Dauerwachstum der
Nagezähne ist ihre Pulpahöhle basal weit offen. In diesem Gebiete
läßt sich auch auf Schnittpräparaten von erwachsenen Nagetieren,
die andauernd überaus lebhafte Neubildung von Schmelz und Zahnbein verfolgen, welche der beträchtlichen Abnützung der Nagezähne die Waage halten muß. Unterbleibt die Abnützung, so wird die Gebißfunktion durch das Weiterwachsen der Nagezähne beeinträchtigt und schließlich verunmöglicht (s. Abb. 85).

Abb. 85. Kopf einer Ratte, der durch Weiterwachsen der Schneidezähne das Maul verschlossen war. Spitze des gekrümmten unteren Schneidezahnes vor dem Auge. Nach HESSE-DOFLEIN (1935)

Eckzähne fehlen oben und unten, ebenso in wechselndem Maße, die meisten Prämolaren. In der Gruppe der mäuseartigen Nager sind überhaupt keine Prämolaren mehr vorhanden. Im Bereiche der infolge dieses Verlustes entstandenen Lücke ist keine vorspringende Alveolarpartie der Kiefer vorhanden, sondern der Knochen ist gleichmäßig gerundet.

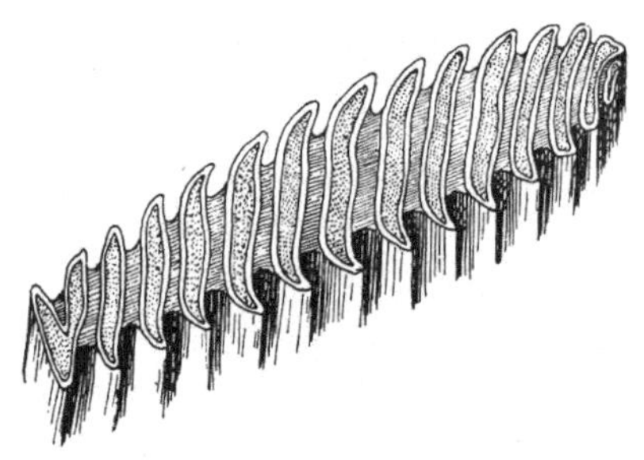

Abb. 86. Letzter Molar des südamerikanischen „Wasserschweines" Hydrochoerus (Capybara); er besteht aus von Schmelz umgebenen Dentinlamellen, welche durch Zahnzement zusammengehalten werden. Schmelz weiß, Dentin punktiert, Zement gestrichelt. Nach M. WEBER (1927). Ca. 1,3 nat. Gr.

Die Anzahl der Molaren hat sich in einer Familie von Mäusen der australischen Region von drei auf zwei vermindert, so daß in diesem Falle das ganze Gebiß nur noch zwölf Zähne aufweist.

Die Backenzähne alttertiärer Nagetiere besaßen eine niedrige Krone und wohlausgebildete Wurzeln. Diese Eigenschaften erhielten sich nur vereinzelt, z. B. bei Eichhörnchen. Im übrigen führte in vielen Untergruppen länger andauerndes Wachstum zur Bildung hoher prismatischer Zähne, und mit der Zunahme der Intensität der Schmelzfaltung entstanden Backenzähne, die, wie der dritte Molar des Wasserschweines Hydrochoerus (s. Abb. 86) aus zahlreichen Lamellen zusammengesetzt erscheinen.

Im Gegensatz zu den Hasen und zu vielen anderen Säugetieren, wie z. B. zum Pferd, ist bei den Rodentiern im engeren Sinne die transversale Distanz zwischen den oberen Zahnreihen kleiner als der entsprechende Abstand der unteren Reihen (s. Abb. 87). Im Zusammenhang damit schaut die Kaufläche der oberen Zähne schräg nach außen und unten, diejenige der unteren Zähne dagegen schräg nach oben und innen. Wenn nun die beiden Kieferhälften durch Verknöcherung in der Symphyse starr miteinander verbunden sind, so läßt diese Anordnung lediglich eine Vorwärts-Rückwärts-Bewegung der Unterkiefer zu. Bleibt dagegen die Verbindung der beiden Unterkieferhälften beweglich, so kann sich jede

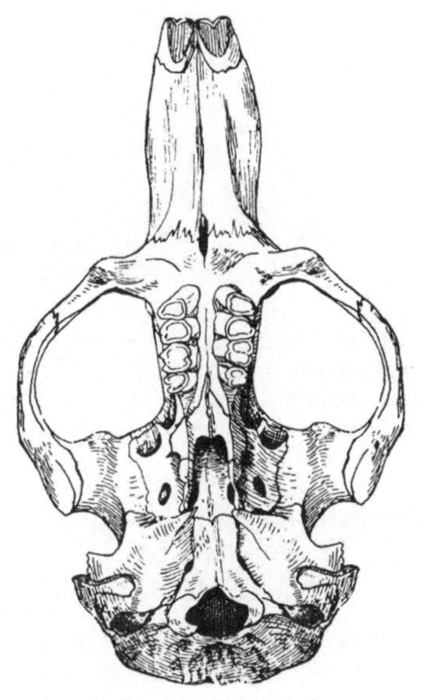

Abb. 87. Unterseite des Schädels des afrikanischen Nagers Bathyergus. Zwischen den Nagezähnen und den Backenzähnen jederseits ein großes Diastem. Der vorderste Backenzahn ist ein Prämolar. Die Zahnreihen des Oberkiefers sind einander sehr genähert; deshalb ist der harte Gaumen sehr eng. Nach M. WEBER (1928)

für sich etwas um ihre Längsachse drehen. Zur Ausführung einer solchen Bewegung ist nun bei den Eichhörnchen ein besonderer Muskel vorhanden, bei dessen Kontraktion die Spitzen der unteren Nagezähne auseinanderstreben (s. Abb. 88). Dagegen ist die Unterkiefersymphyse beim Biber im Zusammenhang mit der starken funktionellen Beanspruchung des Gebisses solid verknöchert.

Wie bereits erwähnt, geschieht die Kaubewegung bei den eigentlichen Nagetieren von vorne nach hinten und von hinten nach vorn. Weil diese Bewegung durch Muskelkontraktion bewirkt wird, so hängt ihr Ausmaß namentlich von der gegenseitigen Lage der Ursprungs- und der Ansatzstellen des an der Bewegung hauptsächlich beteiligten Kaumuskels, des Massetermuskels, ab.

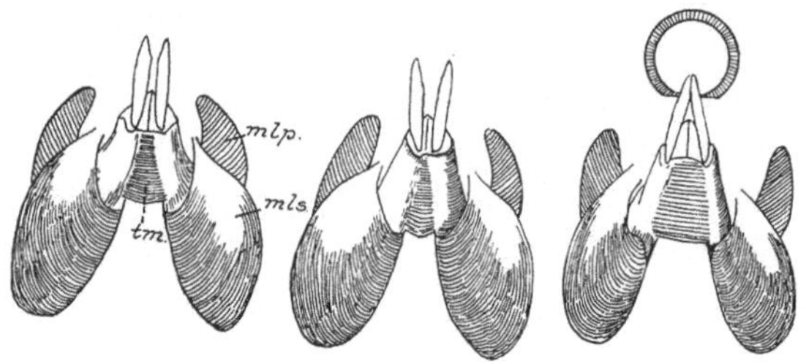

Abb. 88. Unterkiefer des Eichhörnchens. Die beiden Kieferhälften sind etwas gegeneinander beweglich. Durch Kontraktion eines quer verlaufenden Muskels werden die Vorderenden der Schneidezähne auseinandergetrieben, was eine für das Aufsprengen harter Schalen sinnvolle Einrichtung darstellt. Nach M. WEBER (1928)

Am Schädel kam es nun in sehr verschiedenartiger Weise, die hier nicht im einzelnen beschrieben werden kann, zu einer Vergrößerung der beiden Teile (der sog. Portionen) dieses Muskels. Dabei gelangten in einer Untergruppe von Nagern Fasern der inneren

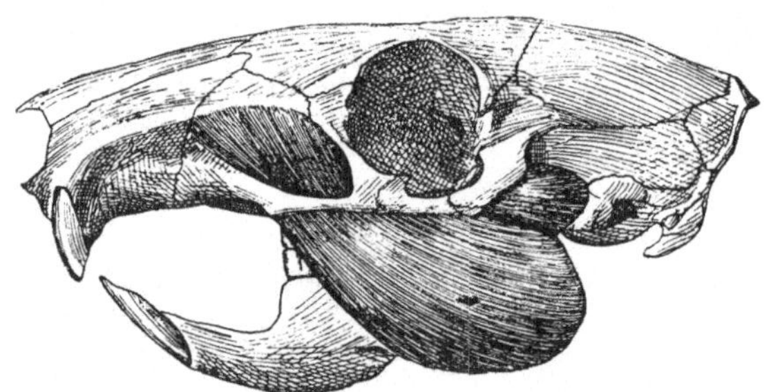

Abb. 89. Schädel des im tropischen Amerika verbreiteten Aguti Dasyprocta mit den Kaumuskeln. Kaumuskelfasern sind in einen sonst bei den Säugetieren sehr engen Kanal eingedrungen und haben ihn gewaltig erweitert. Nach M. WEBER (1928)

Portion des Masseters in eine sonst enge, fast nur einen Nerven enthaltende Lücke im Knochen und erweiterten diese Lücke schließlich so sehr, daß sie beinahe die Weite der Augenhöhle erreichte (s. Abb. 89). Auch die Verschiedenheit der Ansatzstellen des Massetermuskels am Unterkiefer führte zu charakteristischen Gestaltungen des Knochens. Für die Untersuchung der Verwandtschaftsverhältnisse der so überaus mannigfaltigen Nagetiere — es sind etwa 2800 verschiedene Arten beschrieben worden — haben sich die wechselnde Differenzierung der Kaumuskulatur und die dadurch bedingten Unterschiede der Form von Schädel und Unterkiefer als wertvolle Hilfsmittel erwiesen.

Manche Nagetiere besitzen Backentaschen, die zur Aufbewahrung kleiner oder größerer Futtermengen dienen. Die ausgedehnten Taschen des Hamsters sind echte innere Backentaschen, welche von Mundschleimhaut ausgekleidet sind und in welche ihr Inhalt von der Mundhöhle aus gelangt. Sogenannte falsche oder äußere Backentaschen dagegen sind behaarte Einstülpungen der Körperhaut, die mit den Pfoten gefüllt werden. Während Affen von ihren Backentaschen nur kurzfristigen Gebrauch machen, dienen die Backentaschen der Nager zu längerer Aufspeicherung von Futter.

Als Fischsäugetiere wurden in der älteren Systematik die Natantia herbivora, d. h. die Sirenen oder Seekühe und die Natantia carnivora, d. h. die Zahnwale und die Bartenwale zusammengefaßt. Aus dem Körperbau wie auch aus den Ergebnissen der Paläontologie geht jedoch mit Sicherheit hervor, daß die beiden Tiergruppen nicht näher miteinander verwandt sein können. Die jetzt lebenden Sirenen sind der in den Flüssen und Flußmündungen zu beiden Seiten des südlichen Atlantischen Ozeans lebende Lamantin Trichechus (Manatus) und der im Roten Meer, an den Küsten Australiens und in Küstengebieten des Indischen Ozeans verbreitete Dugong (Halicore). Die im 18. Jahrhundert bekanntgewordene Stellersche Seekuh Hydrodamalis (Rhytina), welche in der Behringsstraße lebte, wurde schon bald nach ihrer Entdeckung ausgerottet. Dazu kommen als ausgestorbene Formen eine Anzahl von mit dem Dugong verwandten Sirenen, sowie als Vertreter einer etwas fernerstehenden Gruppe, Desmostylus (s. Abb. 90). aus dem jüngeren Tertiär von Californien und Japan, von dem man bis vor einiger Zeit nur Zahnfunde kannte.

Der erwachsene Lamantin Trichechus (Manatus) besitzt nur Backenzähne, davon aber ungewöhnlich viele. Von diesen funktionieren bis zu acht gleichzeitig. Während des ganzen Lebens

werden in jeder Kieferhälfte bis zu zwanzig Zähne produziert.
Von besonderem Interesse ist der Zahnwechsel, der nicht vertikal,
sondern in horizontaler Richtung erfolgt (s. Abb. 91). Die jüngsten Zahnanlagen befinden sich am hinteren Ende jeder Zahn-
reihe. Die Zähne wandern allmählich nach vorn, was dadurch
ermöglicht wird, daß die Alveolenwände ständig an ihrer hinteren
Fläche abgebaut, an ihrer Vorderfläche dagegen neugebildet wer-

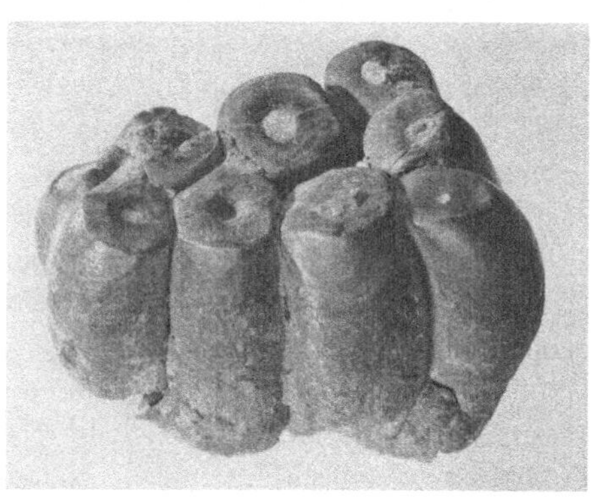

Abb. 90. Desmostylus; Backenzahn dieser fossilen, im Tertiär von Californien und Japan verbreiteten Seekuhgattung. Orig. Ca. ½ nat. Gr.

den. Die für ein Säuge-
tier durchaus unge-
wöhnliche, bedeuten-
de Vermehrung der
Anzahl der Backen-
zähne wird damit in
Zusammenhang ge-
bracht, daß das (laut
M. WEBER) hauptsäch-
lich aus Samenkapseln
von Victoria regia und
von Pistia bestehende
Futter mit Sand ver-
mischt ist, der eine
starke Abnützung der
Zähne bewirkt.

Im Schädel von Halicore, dem Dugong, fällt vor allem die
eigenartige Abbiegung seines vordersten, von den Prämaxillaria
gebildeten Abschnittes auf, infolge welcher die Nasenöffnung in
eine ungewöhnliche Lage geraten ist (s. Abb. 92). Beim Männchen
tragen die beiden Prämaxillaria je einen Stoßzahn; beim Weib-
chen kommt kein solcher zum Durchbruch. Der Ventralabbie-
gung der Prämaxillaria entspricht eine Abschrägung der Symphy-
senpartie des Unterkiefers. Von den beiden einander zugekehrten
Knochenflächen trägt jede eine Hornplatte. Weiter hinten im
Unterkiefer sind einige Backenzähne vorhanden. Embryonale
Zahnanlagen, die nicht zur Funktion gelangen, sprechen für das
einstige Vorhandensein einer reicheren Bezahnung. Dies wird
durch fossile Formen bestätigt, von denen z. B. Protosiren aus
dem Eozän ein vollständiges Gebiß mit drei Schneidezähnen,
einem Eckzahn, vier Prämolaren und drei Molaren aufweist.

84

Die erwachsene Stellersche Seekuh Hydrodamalis (Rhytina),
deren Futter aus Seetang bestand, war völlig zahnlos. Ihre Kiefer

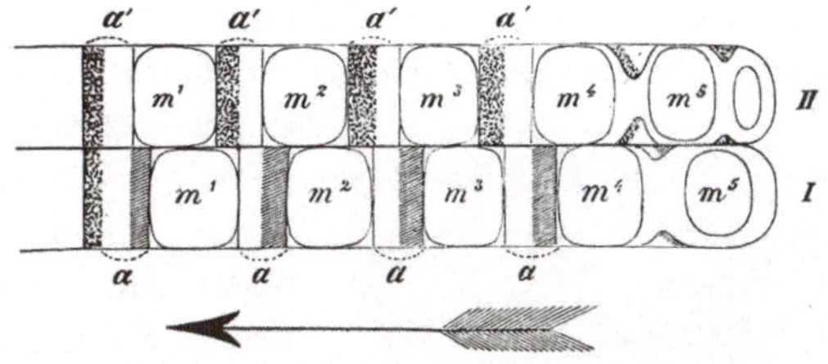

Abb. 91. Lamantin, Trichechus (= Manatus), Seekuhgattung; Schema des in horizontaler Richtung verlaufenden Zahnwechsels: Die Alveolenwände werden am Vorderende der Zähne fortwährend resorbiert, am Hinterende neugebildet. Es sind sehr zahlreiche Backenzähne gleichzeitig in Funktion. Nach M. Weber (1928)

trugen Hornplatten. Dagegen besaß der bereits erwähnte Desmostylus kräftige, aus einer Anzahl von Dentinzylindern zusammengesetzte Backenzähne (s. Abb. 90).

Wie beim Lamantin, so erfolgt auch bei den jetzt lebenden Elefanten der Zahnwechsel in horizontaler Richtung. Im übrigen zeigt

deren Gebiß einen ganz anderen Charakter, wie schon aus der Verschiedenheit des Zahnbestandes hervorgeht. Beim Lamantin folgen sich bis zum Lebensende Backenzähne in großer Zahl; der Elefant dagegen muß während seines ganzen Lebens mit sechs Backenzähnen in jeder Kieferhälfte auskommen. Ist der letzte Molar aufgebraucht, so besteht für ihn keine weitere Ersatzmöglichkeit.

Von den beiden jetzt lebenden Formen unterscheidet sich der indische Elefant (Elephas maximus) vom

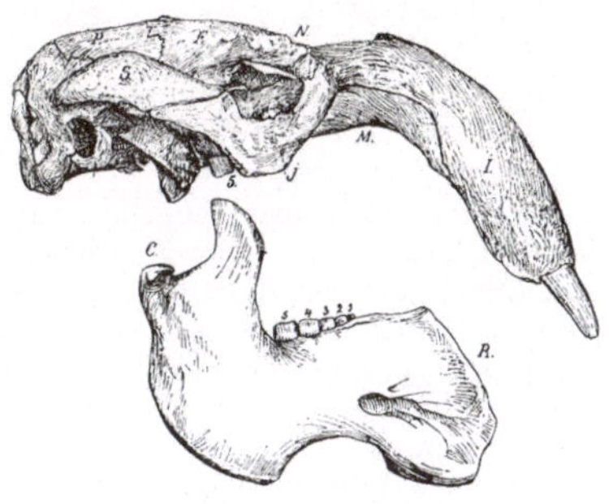

Abb. 92. Dugong (= Halicore; Seekuh). Seitliche Ansicht des Schädels. Der abgebogene Zwischenkiefer trägt einen Stoßzahn und an der Innenseite eine Hornplatte, welcher eine die abgeschrägte Vorderfläche des Unterkiefers bedeckende Hornplatte entgegenwirkt. I Zwischenkiefer mit Stoßzahn, M Oberkieferbein, J Jochbein, N Nasenöffnung, F Stirnbein, P Scheitelbein, R schräg abgestutzte Fläche für die hornige Reibeplatte, 1 bis 5 Backenzähne. Nach M. Weber (1928)

afrikanischen Elefanten (Loxodonta africana) äußerlich durch kleinere Ohren, durch besondere Gestaltung des Rüsselendes sowie durch eine größere Anzahl der Hufe an den Vorder- und an den Hinterbeinen, im Gebiß namentlich durch kleinere Dimensionen der Stoßzähne, die stets bei den weiblichen Tieren schwächer ausgebildet sind und bei der Ceylon-Rasse gänzlich fehlen können.

Beim afrikanischen Elefanten werden die Stoßzähne bis zu drei Metern lang, bei dem ausgestorbenen eiszeitlichen Elefanten (Elephas antiquus) konnten sie sogar eine Länge von fünf Metern erreichen. Da die Stoßzähne in den Prämaxillaria gebildet werden (s. Abb. 93), handelt es sich um Schneidezähne mit Dauerwachstum, die dementsprechend zeitlebens eine kegelförmige, basal verbreiterte Pulpa besitzen. Daß im Innern des wachsenden Stoßzahnes eine ständige Bildung von Zahnbein stattfindet, demonstriert der Fall eines Zahnes, in welchem eine eingedrungene eiserne Speerspitze von Zahnbein eingehüllt wurde (s. Abb. 94).

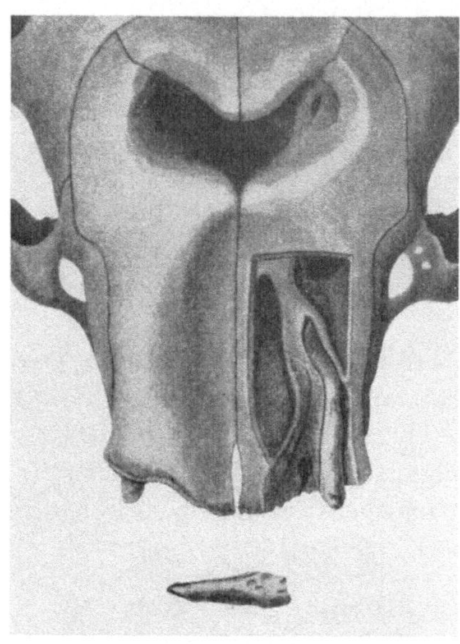

Abb. 93. Schädel eines neugeborenen indischen Elefanten. Der linke Zwischenkiefer ist eröffnet, um die Lage des Milchstoßzahnes zu zeigen. Darüber die symmetrische nierenförmige knöcherne äußere Nasenöffnung. Im Bilde unten ein nach dem ersten Lebensjahr abgeworfener Milchstoßzahn, dessen Wurzel völlig resorbiert ist. Nach J. Corse (1799) aus S. Schaub (1948). Ca. $\frac{1}{3}$ nat. Gr.

Mit Ausnahme einer anfänglich an der Zahnspitze vorhandenen Schmelzbedeckung, die jedoch bald abgerieben wird, besteht der ganze Stoßzahn aus Zahnbein, das schon seit alter Zeit als Elfenbein für Skulpturen verwendet wird. Nicht von gleicher Qualität sind die Stoßzähne des eiszeitlichen Mammuts

aus Sibirien. Die Eckzähne des Walrosses werden ebenfalls als
Ersatz von Elefanten-Elfenbein verwendet, sind aber diesem

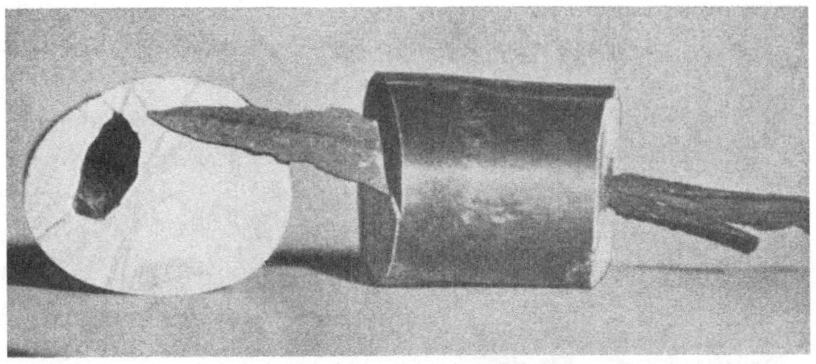

Abb. 94. Eiserne Speerspitze im Zahnbein eines Elefantenstoßzahnes. Nach
J. H. MUMMERY (1924)

nicht gleichwertig. Seiner Elastizität wegen wird Elfenbein auch
zur Herstellung von Billardkugeln verwendet.

Die bereits erwähnte kleine Anzahl der Backenzähne wird durch deren bedeutende Größe kompensiert. Jeder Zahn besteht aus einer Anzahl von hintereinanderliegenden Lamellen, zwischen denen Zahnzement liegt. Das Innere jeder Lamelle ist von Zahnbein erfüllt (s. Abb. 95). Die Zahl dieser Lamellen nimmt vom ersten bis zum letzten Backenzahn zu. Sie ist beim afrikanischen Elefanten kleiner als beim indischen. Am größten ist sie beim Mammut, bei dem schon 27 und sogar 30 Lamellen festgestellt

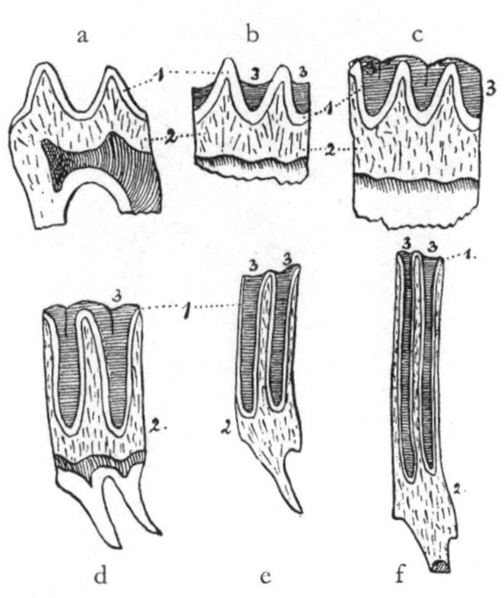

Abb. 95 a—f. Hervorgehen der Lamellen der Elefantenmolaren aus ursprünglich niedrigen Querjochen: a Mastodon americanus; b Stegodon ganesa; c Elephas insignis; d Elephas planifrons; e Elephas hysudricus; f Elephas maximus. 1. Schmelz; 2. Zahnbein; 3. Kronenzement. Nach D. COPE

worden sind. Vor dem Einsetzen der Abnützung sind die Lamellen in fingerförmige Fortsätze, die sog. Digitellen, ausgezogen. Bei der Abnützung entsteht ein für die einzelnen Elefantenarten charakteristisches Muster (s. Abb. 96). Wie bei anderen weitgehend an pflanzliche Nahrung angepaßten Säugetieren wird auch bei den Elefanten durch die Zusammensetzung der Zähne aus drei verschiedenen Hartsubstanzen erreicht, daß die Kaufläche auch bei langdauernder Abnützung stets die notwendige Unebenheit und Rauhigkeit beibehält. Weil die Kaufläche nicht senkrecht, sondern schräg zur Richtung der Lamellen verläuft, wird bei dem horizontalen Zahnwechsel jeder Backenzahn bis auf einen verschwindend kleinen Rest aufgebraucht, was bei der beschränkten Zahl der Zähne von vitaler Bedeutung ist. Von den sechs Backenzähnen, von denen jeweils nur einer und ein Teil eines zweiten in Gebrauch stehen, gehören die drei ersten zum Milchgebiß, die drei letzten zu den Molaren.

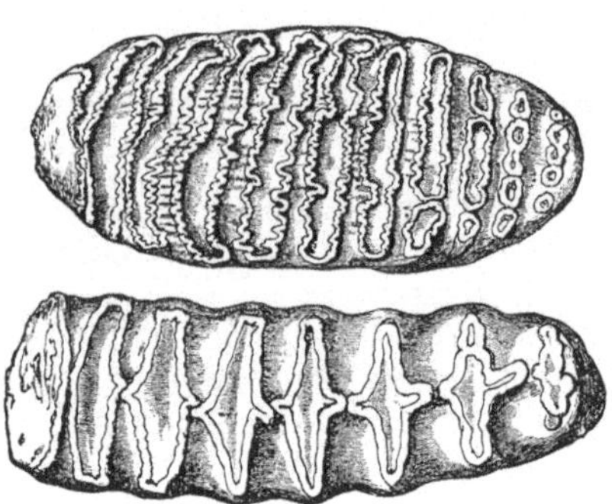

Abb. 96. Kaufläche eines Molaren des indischen Elefanten (oben) und des afrikanischen Elefanten (unten). Nach M. WEBER (1928)

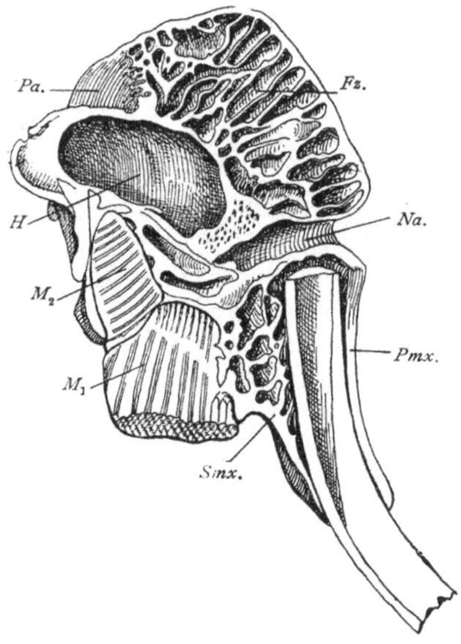



Abb. 97. Längsschnitt durch den Schädel des indischen Elefanten. *Pmx* Zwischenkieferbein mit Stoßzahn, *Na* Nasenöffnung, *Fz* Luftzellen im Stirnbein und Scheitelbein, *Pa* Scheitelbein, *H* Schädelhöhle, *M* Backenzähne, *Smx* Oberkieferbein. Nach M. WEBER (1928)

Abb. 97, ein Sagittalschnitt durch einen Elefantenschädel, zeigt dessen Bau, der von der Norm der Säugetiere beträchtlich abweicht und der sichtlich mit der Entwicklung des Gebisses zusammenhängt. Entsprechend ihrer bemerkenswerten Intelligenz und der guten Entwicklung ihrer Sinnesorgane besitzen die Elefanten ein bedeutendes absolutes Hirngewicht. Trotzdem ist ihre Schädelhöhle, verglichen mit der Größe des Schädels, relativ klein, während die von Lufträumen erfüllte pneumatisierte Schädelwandung eine erstaunliche Dicke aufweist. Die Größe eines Säugetierschädels entspricht im allgemeinen mehr oder weniger der Größe des von ihm umschlossenen Gehirns. Beim Elefanten ist er viel größer geworden, als es zur Unterbringung des Gehirns notwendig gewesen wäre. Dieses Mißverhältnis geht letzten Endes auf die Gebißgestaltung zurück. Mit der enormen Entwicklung der Stoßzähne und der ebenfalls beträchtlichen Größenzunahme der Backenzähne mußte nämlich aus mechanischen Gründen eine Vergrößerung der direkt oder indirekt beteiligten Schädelknochen Schritt halten. Mit der namentlich durch die Zähne bedingten Gewichtszunahme des Kopfes steigerten sich auch die Ansprüche an die zu seiner Bewegung dienende Muskulatur, was zur Vergrößerung ihrer Ansatzflächen am Schädel führte. Die Gestaltung des Elefantenschädels wurde jedoch nicht nur durch die Spezialisierung des Gebisses beeinflußt, sondern auch dadurch, daß sich die Nase zu einem wirksamen Greiforgan, dem Rüssel, entwickelte. Mit der Ausbildung dieses Organes hängt die spezielle Gestaltung des vorderen unteren Abschnittes des Elefantengebisses zusammen, wie aus den im Folgenden zu besprechenden Fossilfunden hervorgeht.

Im Schädelbau des erdgeschichtlich frühesten Rüsseltieres, des Moeritherium aus dem ägyptischen Eozän, ist die Eigenart des Schädelbaues der jetzt lebenden Elefanten erst soweit angedeutet, daß es mit Sicherheit als ein Rüsseltier zu erkennen ist. Der Schädel dieses Tieres (s. Abb. 98) ist noch relativ langgestreckt und niedrig und entspricht damit der Normalform eines primitiven Säugetieres. Noch sind oben und unten Schneidezähne vorhanden, oben deren drei, unten nur zwei. Von diesen ist das zweite Paar, das den künftigen Stoßzähnen entspricht, schon vergrößert. Nach der Lage und der Gestaltung der knöchernen äußeren Nasenöffnung wird vermutet, daß bei Moeritherium schon ein bescheidener Anfang einer Rüsselbildung vorhanden war. Auf die Schneidezähne folgt oben ein Eckzahn; unten fehlt ein solcher. Nach hinten schließen sich oben und unten drei Prämolaren und drei Molaren an. Gegenüber dem öfters erwähnten, bei alttertiären Säugetieren die Regel bildenden Bestande von drei Schneidezähnen, einem Eckzahn, vier Prämolaren und drei Molaren, liegt mithin eine allerdings noch bescheidene Reduktion vor. Die Molaren sind dadurch von Interesse, daß sie noch nicht aus vielen Lamellen bestehen, sondern nur zwei Joche aufweisen, von denen jedes aus einem inneren und einem äußeren Höcker gebildet wird. Diese Joche sind niedrig. Das zwischen ihnen gelegene Tal besitzt dementsprechend eine geringe Tiefe, und an seinem Grunde

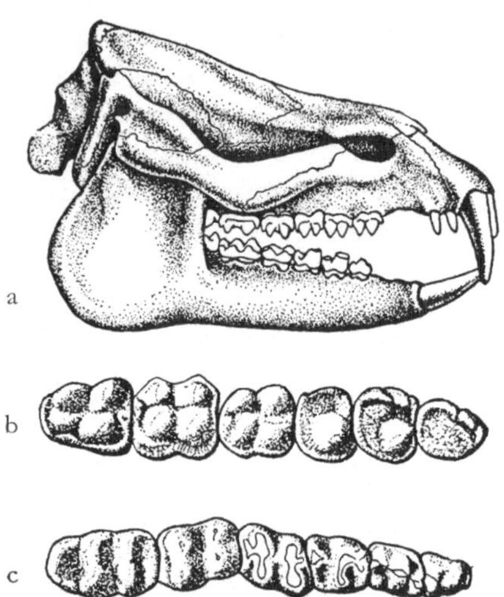

Abb. 98 a—c. Moeritherium, das älteste Rüsseltier, aus dem Alttertiär Ägyptens. a Schädel in seitlicher Ansicht, b obere Backenzähne, c untere Backenzähne. Nach A. S. ROMER (1945)

ist noch kein Zahnzement auf der Schmelzschicht abgelagert (s. Abb. 95).

Die Entwicklung vom moeritheriumartigen Urrüsseltier zum heutigen Elefanten war mit Änderungen der gesamten Organisation verbunden, über welche der Bau der fossilen Skelette mancherlei Auskunft gibt. Die Veränderungen, die das Gebiß erfuhr, ergeben sich nicht nur aus einem Vergleich der Ausgangs- mit der Endform, sondern sie lassen sich auch an einer großen Menge von Fossilfunden demonstrieren, die allen möglichen Zwischenstadien entsprechen.

Wie bei den Pferden, so ist auch in der Stammesgeschichte der Rüsseltiere eine Größenzunahme festzustellen. Moeritherium besaß aber immerhin schon die Größe eines Tapirs. Besonders hervorzuheben ist die bereits erwähnte Tatsache, daß die Molaren bei dieser Gattung nur vier Höcker aufweisen, welche zwei quergestellte Joche bilden. In der Folge nahm die Anzahl der Joche zu, am stärksten aber erst bei den Elefanten im engeren Sinne. Unter den verbreitetsten Rüsseltieren des jüngeren Tertiärs, den sog. Mastodonten, werden nach der Gestaltung der Molaren zwei Gruppen unterschieden: In der einen Gruppe behalten die Höcker

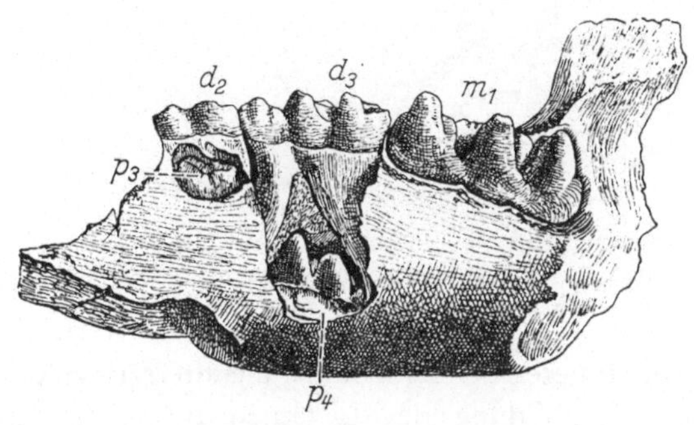



Abb. 99. Wie bei allen geologisch älteren Rüsseltieren ist der Zahnwechsel bei Mastodon noch vertikal. Der Übergang zum horizontalen Zahnwechsel der Elefanten findet erst relativ spät statt. Nach K. A. v. ZITTEL. $d_2$, $d_3$ Milchprämolaren, $p_3$, $p_4$ Prämolaren. $m_1$ Molar. Ca. $\frac{1}{4}$ nat. Gr.

ihre Selbständigkeit, während in der anderen Gruppe, wie später bei den Elefanten, die Jochbildung vorwiegt. In der späteren Entwicklung erlangten die ursprünglich niedrigen Joche größere Höhe. Die zwischen ihnen gelegenen, engen Täler wurden immer tiefer und schließlich mit Zahnzement ausgefüllt. So entstanden aus Jochen die Lamellen der Elefantenmolaren (s. Abb. 95). Bei den Mastodonten funktionierten in jeder Kieferhälfte gleichzeitig noch sechs Backenzähne. Auf drei Milchprämolaren folgten drei Prämolaren des bleibenden Gebisses, und der Zahnwechsel erfolgte noch in vertikaler Richtung (s. Abb. 99). Der Übergang zum horizontalen Zahnwechsel erfolgte erst bei den Elefanten. Die bei den Mastodonten auf die Milchprämolaren folgenden Prämolaren des bleibenden Gebisses gingen verloren. Die ersten drei Zähne der jetzt lebenden Elefanten sind also Milchzähne.

Im vorderen Gebißabschnitt besteht ein sichtlicher Zusammenhang zwischen der Entwicklung des Rüssels zu einem umfang-
reichen Greiforgan und der Rückbildung und schließlichen Unter-

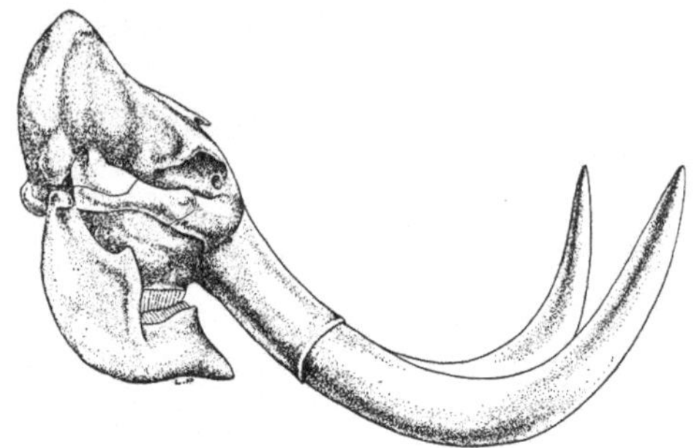

Abb. 100. Mammutschädel in seitlicher Ansicht. Man beachte die mit dem
Verlust der unteren Schneidezähne zusammenhängende Kinnform. Nach
A. S. ROMER (1945). Ca. $^1/_2$ nat. Gr.

drückung der unteren Schneidezähne, die ihrerseits zu der charakteristischen Kinnbildung der Elefanten führte (s. Abb. 100).
Rüsselbildung unter weitgehender Reduktion der unteren Schneidezähne stellt sich auch in den beiden erwähnten Untergrup-
pen der Mastodonten ein. Während Vertreter dieser Familie in Europa nach dem Teritär nicht mehr zu finden sind, existierten solche anderswo, namentlich in Nord- und Südamerika, bedeutend länger. In Amerika war Mastodon noch ein Zeitgenosse des Menschen.

Bei Stegodon, dem ersten Elefanten im engeren Sinne, der nach Europa gelangte, waren die Backenzähne noch niedriger und die Anzahl der Lamellen kleiner. Auf die Gebißunterschiede der Elefantenarten des

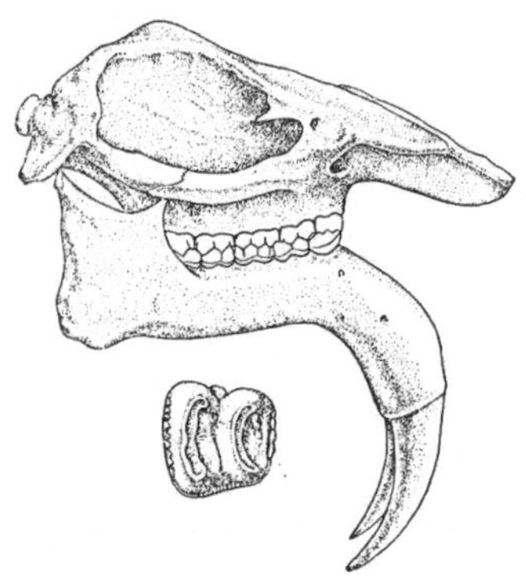

Abb. 101. Dinotherium, ein im jüngsten Tertiär weit verbreitetes Rüsseltier, das keine oberen, sondern untere
Stoßzähne besitzt. Schädel in seitlicher Ansicht; ca. $^1/_{22}$ nat. Gr.; darunter einer der sehr einfach gebauten
Backenzähne; ca. $^1/_7$ nat. Gr. Nach
A. S. ROMER (1945)

Quartärs kann hier aus Raumgründen nicht eingegangen werden. Dagegen sind einige Formen zu nennen, die sich im Gebiß von den Elefanten wesentlich unterscheiden. Dazu gehört in erster Linie die im Miozän und Pliozän Europas verbreitete Gattung Dinotherium, die in Afrika noch ins Quartär hineinreicht (s.

Abb. 102. Unterkiefer von Amebelodon, einem fossilen Rüsseltier aus dem amerikanischen Tertiär. Die beiden einander dicht anliegenden Stoßzähne bilden zusammen eine Schaufel. Nach A. S. ROMER (1945). Ca $^1/_{37}$ nat. Gr.

Abb. 101). Sie ist dadurch ausgezeichnet, daß sie nicht obere, sondern untere Stoßzähne besitzt. Ihre Molaren waren niedrig und einfach gebaut. Bei dem nordamerikanischen Amebelodon bildeten die beiden einander dicht anliegenden Schneidezähne des Unterkiefers zusammen eine Schaufel (s. Abb. 102). Bei einer anderen Gattung, Gnathobelodon, wird eine gleichartige Schaufel nicht von den Schneidezähnen, sondern vom Knochen des Unterkiefers gebildet.

## III. Zusammenfassende Schlußbetrachtung

Im Vorangehenden wurde der Besprechung des Gebisses der Rüsseltiere deswegen etwas mehr Raum gewährt als bei anderen Säugetierordnungen, weil solche Betrachtung in mehrfacher Hinsicht interessant und lehrreich ist. Namentlich treten hier die Beziehungen zwischen Gebißgestaltung und Schädelbau besonders deutlich hervor; und die durch Fossilfunde ausreichend dokumentierte Strecke der Stammesgeschichte reicht soweit zurück, daß es möglich wurde, die hochspezialisierten Gebiß- und Schädelverhältnisse der jetzt lebenden Elefanten an ursprünglichere Bauformen anzuschließen. Die anderen Säugetierordnungen mußten hier aus Raumgründen kürzer behandelt werden.

Während herbivore Ernährungsweise bei den Reptilien nur relativ bescheidene Spezialisierungen des Gebisses hervorbrachte, war sie bei den Säugetieren mit einer gewaltigen Steigerung der Kauleistung verbunden, die auf verschiedenen, getrennt verlaufenden Bahnen zu gleichartigen Anpassungen führte. Andererseits hatte dauernder Aufenthalt im Wasser bei den Walen und ebenso bei den Robben und beim Walroß eine Vereinfachung der Zahnform zur Folge. Am Beispiel der Vögel wurde sodann gezeigt, daß Zahnlosigkeit, abgesehen von den allerniedrigsten Wirbeltieren, stets eine sekundäre Erscheinung darstellt.

Bei den Reptilien wurde in großen Zügen auf die Unterschiede hingewiesen, die hinsichtlich der Natur des Kiefergelenkes zwischen Säugetieren und Nichtsäugern bestehen. Als den Reptilien eingentümliche Gebißspezialisierung wurde die Giftzahnbildung bei Schlangen und wenigen Echsen besprochen. Unter den fossilen Formen wurde besonders die Gruppe der Synapsiden genannt, aus der die Säugetiere hervorgingen und in deren Gebiß sich eine Sonderung in Schneidezähne, Eckzähne und Backenzähne vollzog.

Bei den Amphibien konnte am Beispiel ausgestorbener Stegocephalen dargetan werden, daß die in diesem Falle besonders intensive radiäre Faltung der basalen Wandpartie eines kegelförmigen Zahnes nach Art einer Wellblechkonstruktion eine Baumaterial einsparende Bauweise darstellt.

Unter den Fischen erwiesen sich das Größenverhältnis zwischen Jäger und Beutetier sowie der verschiedene Härtegrad der Nahrung als für die Gestaltung von Mund und Gebiß bedeutsame Faktoren. Sodann wurde gezeigt, daß bei den Fischen sowohl gewisse Eigentümlichkeiten der Zahnform als auch die Befestigungsweise der Zähne und die Art des Zahnwechsels durch die Natur des Skelettes bedingt sind, welches bei den Haien nur aus Knorpel, bei den Knochenfischen auch aus Knorpel, aber vorwiegend aus Knochen besteht. Besonders hervorgehoben wurden bei den Haifischen die in den Lehrbüchern oft übergangenen Zähnchen der Mundschleimhaut sowie ihr Vergleich mit den Zähnchen der Körperhaut der Haie und mit ihren Gebißzähnen. Zur Einführung sind einige Angaben über die Frühgeschichte der Wirbeltiere vorausgeschickt worden.

Wie aus diesem Rückblick auf den wesentlichsten Inhalt des vorliegenden Bändchens hervorgehen dürfte, wurde nicht darauf ausgegangen, dem Leser eine gleichmäßige Kenntnis des Gebisses

der verschiedenen Wirbeltiere zu vermitteln[1], sondern darauf,
sein Interesse an einigen Fragen des Baues, der Funktionsweise
und des Werdeganges des Gebisses zu wecken.

[1] Dieses Ziel wird in meiner demnächst im Druck erscheinenden „Odonto-
logie“ verfolgt.

# Namen- und Sachverzeichnis

*Kursive* Zahlen beziehen sich auf Abbildungen

# Quellenverzeichnis der Abbildungen

Die Abbildungen sind, soweit sie nicht Originalaufnahmen des Verfassers sind, aus folgenden Werken entnommen:


Abb. 8 — BIGELOW, H. B., u. W. C. SCHROEDER, Fishes of the Western North Atlantic, New Haven 1948

Abb. 42 — BULLET, PH., Beiträge zur Kenntnis des Gebisses von Varanus salvator, Vierteljahresschr. Nat. Ges. in Zürich 87, (1942) (Diss. Zürich)

Abb. 32 — BYSTROW, A. P., Zahnstruktur der Labyrinthodonten. Acta zoologica, Stockholm 1938

Abb. 60 — LE GROS CLARK, W. E., History of the Primates. British Mus. Handbooks 6. Ed., London 1958

Abb. 73, 83 — ELLENBERGER-BAUM, Handbuch d. vergl. Anat. d. Haustiere, ed. O. ZIETSCHMANN, EB. ACKERKNECHT, H. GRAU, 18. Aufl., Berlin 1943

Abb. 4, 21, 26, 27 — GOODRICH, E. S., Ray Lankester's Treatise on Zoology, Part IX, London 1909

Abb. 58 — GRASSÉ, P. P., Traité de Zoologie T. XVII, Paris 1955 (nach G. S. MILLER)

Abb. 71 — GREGORY, W. K., Evolution emerging, New York 1951

Abb. 38, 85 — HESSE-DOFLEIN, Tierbau und Tierleben, 2. Aufl., 1. Bd. 1935, 2. Bd. Jena, 1943

Abb. 9, 10, 11, 12 — LANDOLT, H. H., Über den Zahnwechsel bei Selachiern. Revue Suisse de Zoologie (1947) (Diss. Zürich)

Abb. 63 — LEHNER, J., u. H. PLENK, Die Zähne. In v. MÖLLENDORFF, Handbuch d. mikr. Anatomie des Menschen, V. Bd. Berlin: Springer 1936

Abb. 29, 30 — MEYER, P., Beiträge zur Kenntnis des Gebisses von Rana esculenta L., Vierteljahresschr. Nat. Ges. in Zürich (1942) (Diss. Zürich)

Abb. 24, 94 — MUMMERY, J. H., The microsopic and general anatomy of the teeth, human and comparative. 2. Aufl. London: Oxford University Press 1924

Abb. 43 — ODERMATT, C., Beiträge zur Kenntnis des Gebisses von Heloderma. Vierteljahresschr. Nat. Ges. in Zürich 85, (1940), (Diss. Zürich)

Abb. 19, 51, 72, 74, 75 — OWEN, RICHARD, Odontography, London 1840-1845

Abb. 34, 35 — PEYER, B., Das Gebiß von Varanus niloticus L und Dracaena guianensis Daud. Revue Suisse de Zool. (1929)

Abb. 46 — PEYER, B., Zähne und Gebiß, im Handbuch d. vergl. Anatomie von L. BOLK, E. GÖPPERT, E. KALLIUS und W. LUBOSCH, Bd. III (1937)

Abb. 6 — PEYER, B., Die schweizerischen Funde von Asteracanthus (Strophodus). Schweiz. Pal. Abhandl. 64 (1946)

Abb. 3, 47 — PEYER, B., Goethes Wirbeltheorie des Schädels. Vierteljahresschr. d. Nat. Ges. in Zürich (1950)

Abb. 5, 37 — PEYER, B., Geschichte der Tierwelt. Büchergilde, Zürich 1950

Abb. 53 — PEYER, B., Über Zähne von Haramiyden, von Triconodonten und von wahrscheinlich synapsiden Reptilien aus dem Rhät von Hallau. Schweiz. Pal. Abhandl. 72 (1956)

Abb. 62 — RAUBER-KOPSCH, Lehrbuch der Anatomie des Menschen, 9. Aufl., Leipzig 1911

Abb. 39, 49, 54, 65, 66, 76, 98, 100, 101, 102 — ROMER, A. S., Vertebrate Paleontology, Chicago 1945

Abb. 93 — SCHAUB, S., Über das Gebiß der Elefanten. Verh. Nat. Ges. Basel 59 (1948) (nach J. CORSE) in Philosophical Transactions of the Royal Society, London 1799

Abb. 61 — SCHIMKEWITSCH, W., Lehrbuch der vergl. Anatomie der Wirbeltiere, Stuttgart 1910

Abb. 28 — SCHULZE, F. E., Arch. mikr. Anat. 5 (1869)

Abb. 48 — STIRTON, R. A., Life, Time and Man, New York 1959

Abb. 64 — STÖHR, PH., Lehrbuch der Histologie, 26. Aufl. (W. V. MÖLLENDORFF)

Abb. 75 — TERRA, DE P., Vergleichende Anatomie des menschlichen Gebisses und der Zähne der Vertebraten, Jena 1911

Abb. 44, 45 — TOMES, CH. S., A Manual of Dental Anatomy. 8. Aufl., London 1923

Abb. 52, 55, 56, 57, 59, 70, 77, 79, 80, 81, 82, 84, 86, 87, 88, 89, 91, 92, 95, 96, 97 — WEBER, M., Die Säugetiere, 2. Aufl., Bd. I. 1927, Bd. II. Jena 1928

Abb. 2 — WESTOLL, T. S., Studies on Fossil Vertebrates (Aus A. HEINTZ), London 1958

Abb. 40 — WIEDERSHEIM, R., Vergl. Anatomie der Wirbeltiere, 7. Aufl. Jena 1909

Abb. 20, 31, 36, 41, 50, 67, 68, 69, 78, 99 — ZITTEL, K. A. VON, Grundzüge der Paläontologie II, 4. Aufl., München und Berlin 1923